广州市哲学社会科学“十一五”规划课题研究成果

中等职业教育*酒店服务与管理专业*系列教材（项目课程）

葡萄酒基础知识教程

PUTAOJIU JICHU ZHISHI JIAOCHENG

主 编 夏 薇

重庆大学出版社

内容提要

本书主要是面向葡萄酒初学者而编写的，侧重介绍了葡萄酒基础知识，包括葡萄酒的历史文化、酿造方法、主要的葡萄品种及其特性，各种不同的葡萄酒酒杯，以及红葡萄酒、白葡萄酒、桃红葡萄酒、起泡葡萄酒和甜白葡萄酒的相关知识，并简单介绍了酒菜搭配的基本原则。

本书作为中等职业教育酒店服务与管理专业以及旅游服务类专业的学生教材，也可作为葡萄酒相关从业人员的培训用书。

图书在版编目（CIP）数据

葡萄酒基础知识教程 / 夏薇主编. — 重庆：重庆大学出版社，2012.9（2021.1重印）
中等职业教育酒店服务与管理专业项目课程系列教材
ISBN 978-7-5624-6642-0

Ⅰ. ①葡… Ⅱ. ①夏… Ⅲ. ①葡萄酒－中等专业学校－教材 Ⅳ. ①TS262.6

中国版本图书馆CIP数据核字（2012）第061221号

中等职业教育酒店服务与管理专业项目课程系列教材

葡萄酒基础知识教程

主 编 夏 薇

责任编辑：马 宁 刘惠贇 版式设计：马 宁
责任校对：刘雯娜 责任印制：张 策

*

重庆大学出版社出版发行
出版人：饶帮华
社址：重庆市沙坪坝区大学城西路21号
邮编：401331
电话：（023）88617190 88617185（中小学）
传真：（023）88617186 88617166
网址：http：//www.cqup.com.cn
邮箱：fxk@cqup.com.cn（营销中心）
全国新华书店经销
重庆长虹印务有限公司印刷

*

开本：787mm×960mm 1/16 印张：5 字数：90千
2012年9月第1版 2021年1月第3次印刷
印数：4 001—5 000
ISBN 978-7-5624-6642-0 定价：22.00元

◎ 系列教材编委会 ◎

【总 序】

广州旅游业的地域优势，给酒店业发展创造了巨大的想象空间。目前国际排名前十位的国际酒店集团已陆续进入广东省，酒店行业形成了国际化的群雄纷争的局面。酒店业的迅速发展，给“酒店服务与管理”专业提出了新的要求，这种新要求不仅仅体现在对于酒店业人才的巨大需求上，更突出体现在对于酒店业人才“质”的要求上。

1.酒店业的经营导向发生转变

酒店业已从提供基本的服务功能为主的产品导向，发展到以满足不同层次、类型需求为主的市场导向，进而趋向塑造服务品质为主的品质导向的高层次质量竞争，酒店的经营服务发展方向趋向综合性、多元化、多功能，以满足宾客追求更高层次的需求，如希望在酒店文化氛围中得到自尊和满足。以往，酒店企业需要的是“按部就班”完成接待任务的守纪员工，而现在更多的要求是“全才”型员工。

2.现代科技成果运用于酒店的设备设施和服务方式

酒店行业科技含量正日趋提高，这就要求酒店业人才培养方面，在新课程的构建上突出对于新技术的应用，使学生符合行业科技发展的要求。

3.酒店接待服务不仅要求规范化，更是个性化服务的竞争

中国饭店“金钥匙”组织的服务理念是要“在客人的惊喜中找到富有的人生”，中职学校酒店服务与管理专业的学生就不仅要掌握规范的专业服务能力，而且还要具备良好的职业道德素养和结合专业的个性化服务，这样才能为宾客提供更加优质的服务。

酒店业发展的国际化竞争，对人才培养提出了更高要求，现有课程的设置与实施，由于注重技能训练而有利于标准化的学习程序，却忽视了工作情境的创设，因而满足不了个性化、综合化服务的实践需要。因此，课程建设的方向就是让学生在创设的工作情境中开展以真实服务内容为载体的实践性学习，明确岗位指向，厘清职业标准，使教学与企业实际紧密结合，搭建人才培养与使用的“供应链”。

《旅游商贸类项目课程研究》是广州市哲学社会科学“十一五”规划课

题，笔者作为广州市旅游商务职业学校课题主持人，在4个专业开展了深入研究，其中《酒店服务与管理专业项目课程研究》荣获教育部全国“十一五”规划课题一等奖。该套教材作为课题研究的成果终于和大家见面了。

该套教材的特点是以培养职业能力为目标，通过对酒店服务领域的系统分析，按照酒店服务岗位的工作结构及岗位间的逻辑关系和课程结构作整体的设计，在完成学习与工作任务时达到职业能力的提升。课程内容以服务过程中知识结构关系组织，教师通过服务过程中设计的服务实践任务，有机融合实践与理论知识。由于理论知识的学习是建立在工作任务完成的基础上，因此能够激发学生学习的成功感，提高学习兴趣。在完成工作任务的过程中，需要自主学习，小组合作，共同制订完成任务的方案，讨论任务实施的程序，培养学生合作、探究、研讨的能力，在真实服务任务的学习过程中完成学生综合职业能力的培养。

该套教材在开发过程中得到了许多酒店行业专家的参与和支持，在此表示深深的谢意。

广州市旅游商务职业学校
付红星
2012年5月

【前　言】

随着中国的改革开放，葡萄酒作为一种日常饮用的酒精饮料传入中国，并开始为越来越多的人熟悉和喜爱。特别是在一些沿海发达城市，葡萄酒专卖店、葡萄酒会所、葡萄酒俱乐部以及西餐厅犹如雨后春笋般出现，国人可以在国内享受到来自世界各地优质产区所生产的各种类型和风格的葡萄酒。中国拥有源远流长的白酒文化，但葡萄酒不管是在储藏、服务、与菜式的搭配还是饮用方面都与白酒存在很大的差别，国人对于葡萄酒的认识还处于比较初级的阶段，专业的葡萄酒人才非常缺乏。

鉴于此，各地的职业院校开始开设葡萄酒方面的课程，希望可以有一本具有较强实用性的教材用于教学。笔者所在的广州市旅游商务职业学校结合中职生的学习特点和需求，在广泛进行行业调查和专家意见咨询的基础上，完成了酒店服务与管理专业的项目课程课题研究，本书即是在此课题研究的基础上参考众多葡萄酒专业书籍编写而成的。

本书主要为葡萄酒初学者设计，侧重介绍葡萄酒方面的基础知识，由3个项目共10个任务组成，以初识葡萄酒、认识各种类型的葡萄酒、酒菜搭配作为全书编写的主线，将其中所涉及的葡萄酒基础知识全部贯穿起来进行系统的讲解和介绍，同时辅之以有针对性的学习或工作任务，通俗易懂、深入浅出，让学生在完成任务的过程中对知识进行消化和理解，力求突出知识和技能的实用性，切实提高学生的专业素质。同时，笔者在工作中采用本书开展课堂教学实验，不论是在学生学习兴趣的提升还是专业技能的提高方面都取得了较好的效果。

本书由广州市旅游商务职业学校酒店服务与管理专业科教师夏薇在总结教学和实践经验的基础上编写，参考了众多葡萄酒专业书籍和葡萄酒行业资讯。同时，在编写的过程中得到了广州市旅游商务职业学校党委书记付红星女士、酒店服务与管理专业科科组长苏敏琦先生的大力支持，以及众多同行的鼓励与帮助，在此谨致衷心的感谢。

由于编者水平有限，书中难免存在疏漏之处，敬请广大读者批评指正。

编　者

2012年3月

目录

项目一　初识葡萄酒

◆ 好的葡萄酒证明了上帝希望我们幸福。

——本杰明·富兰克林（美国）

◆ 如果你想要更具有艺术气息、更健康、更有乐趣的人生，不妨花点时间来了解葡萄酒。你不一定要成为品酒家，但是你一定要知道一些基本概念。

——约翰·艾塞克（英国著名酒评家）

学习目标

①了解葡萄酒的起源和文化，能理解葡萄酒的新世界和旧世界的异同。

②熟记主要的酿酒葡萄品种的名称，并能阐明其各自的特性。

③掌握葡萄酒的分类方法及各种葡萄酒的特点。

④理解葡萄酒的一般酿造过程和酿造原理，对其中的重点环节能进行深入讲解。

⑤熟练掌握各种不同的葡萄酒酒杯的特色、使用、清洗和保养方法。

葡萄酒的世界是一个丰富多彩的世界，它可以像哲学一样复杂，也可以像白开水一样简单。

本项目将主要介绍一些葡萄酒方面的基本知识，如葡萄酒的历史和起源、葡萄品种、葡萄酒的一般酿造过程和葡萄酒酒杯的情况等，有了这些基本知识的铺垫之后我们将进入丰富多彩的葡萄酒世界，来一一认识不同的葡萄酒种类。

任务一　葡萄酒的历史和文化

◆ 一瓶葡萄酒中蕴含着比所有书本更多的哲学。

——巴斯德（法国）

【学习目标】

① 了解葡萄酒的起源，以及葡萄酒与文化、艺术、宗教等的关系。

② 掌握葡萄酒的旧世界和新世界分别指哪些国家，探究新旧世界在葡萄的栽培、葡萄酒酿造及营销等各方面有何区别。

【前置任务】

老师将全班同学以每4～6人一组的规模分组，作业以小组为单位完成，在课

堂上进行展示、交流后由全班同学与老师进行评估，并给定分数。此分数作为小组的平时成绩，记入课程期末总评之中。

①本次作业以主题演讲的形式为主，各小组通过收集或绘制与葡萄酒的起源相关的图片、资料等来阐述自己的观点。

②可供选择的主题分别有：葡萄酒与宗教（基督教和圣经）、葡萄酒的起源与各种传说、葡萄酒酒神、葡萄酒与文化艺术、葡萄酒的新旧世界等，也可自己确定其他的主题。

③每个小组选择一个主题来阐述与葡萄酒起源相关的知识。

【相关知识】

考古发现的壁画中就有人们采摘葡萄和酿造葡萄酒的情形

关于葡萄酒的起源，众说纷纭。史学家多认定是从1万年前由古波斯和古埃及流传到希腊的克里特岛，再流传到欧洲意大利的西西里岛、法国等地。

迄今为止，较为一致的观点是葡萄酒是大自然的产物，而非人类的发明创造，人们只是发现了这一美妙的结果而已。随着秋天的来临，葡萄果粒成熟后自然坠落到地上，果皮破裂，渗出的果汁与果皮上的酵母菌接触，发酵过程随即启动，最早的葡萄酒就产生了。我们的远祖尝到这自然的产物，于是开始模仿大自然生物本能的酿酒过程，不断地进行革新和改良，产生了现代意义上的葡萄酒产业。因此，从现代科学的观点来看，酒的起源经历了一个从自然酒过渡到人工酿酒的过程。

葡萄酒不仅是贸易的货物，也是希腊宗教仪式的一部分。公元700年前，希腊人就会举行葡萄酒庆典以表现对神话中酒神的崇拜。狄俄尼索斯神（Dionysos）是希腊的葡萄酒神，也是希腊最重要、最复杂的神之一。对葡萄酒和醉酒有关的狄俄尼索斯神的崇拜礼仪以及葡萄栽培，盛行整个希腊。巴克斯（Bacchus）是罗马的葡萄酒神。

年幼的酒神

年轻的酒神

狄俄尼索斯的青铜面具

公元前6世纪，希腊人把葡萄通过马赛港传入高卢（现在的法国），并将葡萄栽培和葡萄酒酿造技术传给了高卢人。高卢人从希腊人那里学会了葡萄栽培和葡萄酒酿造技术后，在意大利半岛全面推广葡萄酒，很快就传到了罗马，并经由罗马人之手传遍了全欧洲。

4世纪初，罗马皇帝君士坦丁（Constantine）正式公开承认基督教，在弥撒典礼中需要用到葡萄酒，这助长了葡萄酒的酿造。

在15—16世纪期间，欧洲最好的葡萄酒大多产自修道院。此间，葡萄栽培和葡萄酒酿造技术传入南非、澳大利亚、新西兰、日本、朝鲜等地。哥伦布发现新大陆后，西班牙和葡萄牙的殖民者、传教士在16世纪将欧洲的葡萄品种带到南美洲，在墨西哥、加利福尼亚半岛等地栽种。后来，英国人试图将葡萄栽培技术传入美洲大西洋沿岸，可惜美洲东岸的气候不适合栽种葡萄，尽管作了多次努力，

但由于根瘤蚜、霜霉病和白粉病的侵袭以及这一地区气候条件的影响，这里的葡萄栽培失败了。

17—18世纪前后，法国开始雄霸整个葡萄酒王国，波尔多的厚实和勃艮第的优雅代表了两个不同类型的高级葡萄酒，受到世人的追捧。然而这两大产区产量有限，因此从第二次世界大战后的20世纪六七十年代开始，一些酒厂和酿酒师开始在全世界寻找适合的土壤和气候来种植优质的葡萄品种，研发及改进酿造技术，由此使得葡萄酒的酿造开始延伸到新兴国家，比如美国、澳大利亚、新西兰、智利等。这些采用现代化的酿造工艺来生产葡萄酒的国家与传统的葡萄酒产国形成了鲜明的对比，新兴产国的葡萄酒简单、年轻、易于接受，受到消费者的欢迎，它们丰富了多姿多彩的葡萄酒世界。

以全球划分而言，人们通常将葡萄酒产国分为新世界和旧世界两种。新世界指的是葡萄酒的酿造历史比较短的国家，如美国、澳大利亚、新西兰、智利及阿根廷等葡萄酒的新兴产国。旧世界则指有百年以上酿酒历史的传统国家，以欧洲国家为主，如法国、德国、意大利、西班牙和葡萄牙等国家。

相比之下，欧洲种植葡萄的历史更加悠久，绝大多数葡萄栽培和酿酒技术都诞生在欧洲。同时，新世界的葡萄酒倾向于工业化生产，不锈钢槽发酵、电脑控温、金属螺旋瓶塞等在新世界产国非常普遍；旧世界的葡萄酒虽然也采用一些现代化的酿造工艺，但更倾向于手工酿制，现在仍有一些欧洲的顶级名庄采用手工采摘或手工转瓶来保持其传统特色。

到目前为止，葡萄酒产量仍以欧洲最大，其中又以意大利为世界第一，每年都有大量葡萄酒出口到法国、德国和美国，出口量居世界首位。

〖知识拓展——葡萄酒与修道士〗

历史上曾有过这样的一幕：

昏暗的烛光虚弱地喘息着，13个门徒各怀心事，互相猜忌。耶稣把面包和葡萄酒分发到每个人盘中，平静地说："面包是我的肉，葡萄酒是我的血……"从那一刻开始，葡萄酒就以宗教的名义，被赋予至高无上的意义。

葡萄酒在中世纪的发展得益于基督教会。《圣经》中521次提及葡萄酒，基督教把葡萄酒视为圣血，教会人员把葡萄种植和葡萄酒酿造作为工作，葡萄酒随传教士的足迹传遍世界。

西多会的修道士可以说是中世纪的葡萄酒酿制专家。公元1112年，一个名叫伯纳·杜方丹（Bernard de Fontaine）的信奉禁欲主义的修道士带领304个信徒从克吕尼（Cluny）修道院叛逃到勃艮第的葡萄产区科尔多省，建立起西多

会。西多会的戒律十分残酷，平均每个修道士的寿命为28岁，其戒律的主要内容就是要求修道士们在废弃的葡萄园里砸石头，用舌头尝土壤的滋味。伯纳德死后，西多会的势力扩大到科尔多省的公区，进而遍布欧洲各地的400多个修道院。

西多会的修道士，沉迷于对葡萄品种的研究与改良。事实上正是这些修道士首先提出“土生”（cru）的概念，即相同的土质可以培育出味道和款式一样的葡萄，也是他们培育了欧洲最好的葡萄品种。

在葡萄酒的酿造技术上，西多会的修道士是欧洲传统酿酒灵性的源泉。大约13世纪，随着西多会的兴旺，遍及欧洲各地的西多会修道院的葡萄酒赢得了越来越高的声誉。

【思考与实践】

1．在竞争激烈的葡萄酒市场中，考察新旧世界对葡萄酒的营销方法的区别。

2．葡萄酒是西方文化和历史的产物，如何向中国的消费者来推销葡萄酒？

任务二 葡萄品种知多少

◆ 世界上的果品何其多！

◆ 然而，在芸芸鲜果之中，哪一个能像葡萄那样鲜食和酿酒两相宜？又有哪一个能像葡萄那样酿出色香味俱全的美酒？

〖学习目标〗

①了解葡萄品种的分类。

②熟记主要酿酒葡萄品种的名称及其特性。

③掌握葡萄酒的分类方法及各种葡萄酒的特点。

〖前置任务〗

老师将全班同学以每4～6人一组的规模分组，作业以小组为单位完成，在课堂上进行展示、交流后由全班同学与老师进行评估，并给定分数。此分数作为小组的平时成绩，记入课程期末总评之中。

①以小组为单位收集或绘制各种不同的葡萄图片或者实物，带到课堂上与全班同学交流和分享，阐述不同种类葡萄的区别。

②学习葡萄酒的各种分类方法，弄清不同种类葡萄酒的含义，比如干红/干白的含义。

【相关知识】

埃及纳黑特（Nakht）古墓壁画中的葡萄

葡萄是世界上栽培最早、分布最广、栽培面积最大的果树品种之一，按植物学分类，其属于多年生落叶藤本植物，欧洲有文字记载的葡萄栽培历史有5 000多年。在长期的栽培实践中，人类通过选种和育种，不断培育出新品种。现在欧洲葡萄的品种已有5 000多个，通称欧亚种。

葡萄果实除作为鲜食外，主要用于酿酒，在世界总产量中约80%用于酿酒。目前酿酒业所使用的葡萄品种主要为欧亚种，偶尔也用美洲种或者杂交种来酿酒。西班牙是世界上葡萄种植面积最大的国家，意大利是世界上葡萄酒产量最大的国家。

一、葡萄品种的分类

全世界可以酿酒的葡萄品种有很多，但可以酿制优质葡萄酒的葡萄品种只有

50种左右，可分为白葡萄品种、红葡萄品种和染色葡萄品种。

白葡萄品种的颜色并不是白色，它可以有青绿色、黄色等多种浅色，主要特征为葡萄皮和葡萄果肉中均没有红色色素，用于酿制气泡酒及白葡萄酒。

红葡萄品种的颜色也并不是只有红色，它还包括黑色、蓝紫色、紫红色、深红色等多种深色，主要特征为葡萄皮中含有色素，但果肉中不含有色素，用来酿制红葡萄酒，去皮榨汁后也可酿造白葡萄酒。

染色葡萄品种与红葡萄品种的区别在于葡萄皮和葡萄果肉中均含有色素，因此只能用来酿制红葡萄酒。

红葡萄品种

白葡萄品种

染色葡萄品种

二、主要的红葡萄品种

限于篇幅，本节仅介绍目前国际上公认、较好的4种红葡萄品种：赤霞珠、梅乐、黑比诺和西拉。

1. 赤霞珠（Cabernet Sauvignon）——**红葡萄之王**

赤霞珠是全世界最知名的酿酒葡萄品种之一，祖籍法国。它属于晚熟品种，果粒小，着生紧密，成熟之后的颜色为紫黑色，皮厚实，果皮和果汁的比例高于其他类型的

葡萄。同时赤霞珠的结果力强，易丰产，对土壤和气候的适应性强，因此全球的葡萄酒产区都普遍种植。

用赤霞珠酿成的红葡萄酒颜色深、单宁重、香味丰富，酒体强健浑厚，须在橡木桶和瓶中培养、陈酿一段时间，属于浓郁厚重型的酒，有王者的威严和气派，适合久藏，也因此造就了其精致、多层次感的口感。

很多名贵的波尔多（Bordeaux）葡萄酒都是用赤霞珠酿造的。

2．**梅乐**（Merlot）**——红葡萄之后**

梅乐祖籍法国波尔多，现在也是波尔多地区种植最广的葡萄品种之一，早熟且产量大，新嫩、皮薄，颗粒比赤霞珠大。

和赤霞珠比起来，用梅乐酿成的葡萄酒单宁质地较柔顺，口感以圆润厚实为主，酸度也较低，以果香著称，在久存陈年方面不如赤霞珠，能较快达到适饮期，犹如温柔典雅的王后。

3．**黑比诺**（Pinot Noir）**——红葡萄情人**

黑比诺祖籍法国勃根第，属优雅古老的早熟品种，脆弱、皮薄、容易腐烂、色素低，同时产量小且不稳定。在栽培和酿造方面，黑比诺的难度均比较高，它喜爱相对寒冷的区域，对土质和气候的适应性比赤霞珠要差，而且不同年份随气候变化而差异较大，适于酿造好酒的年份并不是很多。

用黑比诺酿造的葡萄酒颜色浅，单宁不如赤霞珠重，体态要轻巧、肉感一些，比较雅致，果味浓郁而复合，适合年轻时饮用，是比较容易被接受的葡萄酒，但出自勃艮的顶级同类酒并不适合早饮。黑比诺虽然栽培和酿造方面的难度均较高，但如果精心伺候却能酿出顶级的酒，有严谨的结构和丰富的口感，极适陈年。最出色而昂贵的黑比诺出自勃艮地的Romanee-

Conti酒园。

4．西拉（Syrah）——红葡萄王子

西拉祖籍法国隆河谷地产区，属于晚熟品种，果实相对较大，皮深黑色，富含单宁，喜爱温暖的气候。在澳大利亚其种植面积远大于赤霞珠，是种植最广的葡萄品种。

用西拉酿造出来的葡萄酒颜色深红近黑、单宁重，香醇浓郁且丰富多变，口感结实带点辛辣，需要精心酿制并在橡木桶中培养，非常适合久藏。顶级的西拉葡萄酒具有极强的藏酿潜力，其复杂的结构和细腻的层次使其足以称为顶级酒，具有王子的风范。

三、主要的白葡萄品种

限于篇幅，本节仅介绍目前国际上公认、较好的4种白葡萄品种：霞多丽、雷司令、长相思和赛美蓉。

1．霞多丽（Chardonnay）——白葡萄之王

霞多丽祖籍法国勃根第，是目前全世界最受欢迎的酿酒葡萄之一。它是早熟品种，属于容易栽培、稳定性高、抗病虫害能力强的高产量品种，在全球各地均有不凡的表现。由于适应性强，霞多丽几乎已在全球各葡萄酒产区普遍种植，但会因不同地区的气候而产生较大的差异。

用霞多丽酿制的白葡萄酒具有浓烈的水果香味，但其果味会随栽种地的气候差异而发生变化。在天气寒冷的石灰质土产区如法国夏布利和香槟区，酒的酸度高，酒精淡，以青苹果等绿色水果香为主；在较温和产区如美国那帕谷和法

国马巩内，则口感较柔顺，以热带水果如哈密瓜等成熟浓重香味为主。霞多丽通常不与其他葡萄品种混合酿酒，由其酿制的酒也是为数不多的可经橡木桶培养的白葡萄酒之一。

2．**雷司令**（Riesling）——**白葡萄经典贵族**

雷司令祖籍德国的摩塞尔和莱茵高，是德国及法国阿尔萨斯最优良细致的品种。它晚熟，产量大、酸度高，有讨人喜欢的淡雅花香和水果香，是上佳的白葡萄品种，具有丰富的多样性。雷司令对于栽种的地点非常挑剔，最好是日照充足的地方，但矛盾的是在冷的地方比温暖的地方生长得更理想，需在一段长时间里都得到充足的阳光。雷司令的最大栽种国是德国。

用雷司令所酿造的白葡萄酒特性明显，细致优雅，具有足够的酸度，淡雅的花香混合植物香，也常伴随蜂蜜及矿物质香味，但常能与酒中的甘甜口感相平衡；丰富、细致、均衡，具有相当出色的酸甜平衡表现。用上好的雷司令所酿造的白葡萄酒可陈放几十年。

3．**长相思**（Sauvignon Blanc）——**最主流的绝对清新**

长相思祖籍法国波尔多，主要用来酿造适合年轻时饮用的干白酒，或混合赛美蓉以制造贵腐甜白酒。

用长相思所酿制的白葡萄酒酸味强，鲜嫩，酒体中等，酒香浓郁且风味独具，非常容易辨认。其所产的白酒类型，以不甜的白酒为主，除了因酸度高而突显其清新特色外，常带有热带水果混合草本植物的香气。但比起其他优良品种，则显得简单，不够丰富多变，有单薄之感。

4．赛美蓉（Sémillon）——贵腐甜白酒之母

赛美蓉祖籍法国波尔多，在世界各地都有生产。赛美蓉适合温和型气候，产量大，所产葡萄粒小，糖分高，皮特别薄，十分适合贵腐霉菌的生长，因此成为酿造法国贵腐甜白酒的主要品种。

用赛美蓉酿制的干白葡萄酒特性不突出，果香淡、糖度高、酸度不足。但赛美蓉是酿制贵腐酒的最佳对象，顶级的贵腐酒可经数十年甚至百年的陈放，口感香醇浓郁、厚实，常带蜂蜜、干果、糖滞水果及烤面包等复合香气，口感圆润且回味悠长。

四、葡萄酒的分类

根据国际葡萄与葡萄酒组织的规定（OIV，1996），葡萄酒只能是破碎或未破碎的新鲜葡萄果实或葡萄汁经完全或部分酒精发酵后获得的饮料，其酒精度不能低于8.5度。但根据气候、土壤条件、葡萄品种和一些产区特殊的质量因素或传统，在一些特定的地区，葡萄酒的最低总酒精度可降低到7.0度。

葡萄酒的种类繁多，分类方法也不相同。

1．按葡萄生长来源不同分类

（1）山葡萄酒——以野生葡萄为原料酿成的葡萄酒。

（2）家葡萄酒——以人工培植的酿酒葡萄品种为原料酿成的葡萄酒。

2．按葡萄酒的颜色分类

（1）白葡萄酒可选择用白葡萄品种酿造，也可采用红葡萄品种进行酿造，但需将皮汁分离，只取其果汁进行发酵。这类酒的色泽可为浅黄带绿、浅黄、禾秆黄、金黄色等多种颜色，颜色过深不符合白葡萄酒色泽要求。

（2）红葡萄酒可选择用红葡萄品种或染色葡萄品种酿造，采用皮、汁混合发酵，然后进行分离陈酿，这类酒的色泽可为宝石红色、紫红色、石榴红色、深紫色等多种颜色。

（3）桃红葡萄酒可选择红葡萄品种或染色葡萄品种酿造，进行皮汁短时期混合发酵达到色泽要求后进行分离皮渣，继续发酵，陈酿。桃红酒的颜色介于红、白葡萄酒之间，色泽为桃红色或玫瑰红、淡红色等颜色。

从左至右分别是白葡萄酒、桃红葡萄酒和红葡萄酒

3．按葡萄酒中的含糖量分类

（1）干葡萄酒中的糖分几乎已发酵完，每升含糖量低于4克。饮用时感觉不到甜味，酸味明显，所以酒更多地表现出葡萄的果香、发酵的酒香和陈酿的醇香。

（2）半干葡萄酒每升含糖量在4～12克之间，饮用时有微甜感。

（3）半甜葡萄酒每升含糖量在12～50克之间，饮用时有甘甜感。

（4）甜葡萄酒每升含糖量在50克以上，饮用时有明显的甜醉感。

4．按葡萄酒中是否含有二氧化碳分类

（1）静酒为不含二氧化碳的葡萄酒。这类酒是葡萄酒的主流产品，酒精含量在8%～15%之间。静酒又称无气泡葡萄酒，这是由于它排除了发酵后产生的二氧化碳。依其葡萄品种和酿制方式的不同，又分为白酒、红酒和桃红酒。

（2）汽酒为含二氧化碳的葡萄酒，又可称为起泡酒或气泡酒，依据其气泡的来源可分为天然汽酒和人工汽酒两种。法国香槟地区出产的香槟酒是汽酒中的佼佼者。

左边为静酒，右边为汽酒

【知识拓展——什么是稀有葡萄品种】

也许你知道希腊的Ouzo酒，但是希腊的葡萄酒你喝过吗？在人们谈论主流葡萄酒产区和主流葡萄品种的同时，不妨让我们将眼界放开一些。在未来的一二十年内，没人知道今天鲜为人知的葡萄品种会不会代替Cabernet Sauvignon，而一些名扬天下的葡萄酒产区会不会被新兴的产酒地所埋没呢？全球变暖的不争事实不得不让我们提早做些准备，酿酒师们早已着手新的温控技术，葡萄栽培专家们也在开辟着新的葡萄种植地，而我们所能做的除了积极地保护环境外，就是让自己的味蕾不至于在陌生的品种和产地面前手足无措。

下面就跟我们一起先尝为快，学几招喝懂稀有品种的秘诀吧。

不同的葡萄品种之间总是有相当的区别的，在考虑稀有品种和主流品种区别的时候，往往考虑的不是它们各自不同的品种特性，而是它们各自所代表的东西，主流品种为何成为主流，非主流品种为何非主流。

对于葡萄品种来说，有什么品种比Chardonnay更加主流呢？虽然这不是一个种植面积最广的品种（种植面积最广的桂冠被西班牙用于蒸馏白兰地的品种Airen夺得），但是全世界所有的酿酒国家都在种植Chardonnay，这就是所谓的“主流”。红葡萄的主流毫无疑问则是Cabernet Sauvignon。这些品种之所以成为主流，当然首先是它们具备酿造高品质葡萄酒的潜力，其次是它们的口味容易满足“主流市场”的需求；另外这些品种都有很好的土壤气候的适应性，如果对于一个比较新的产地，通常用这些品种试水，不管是从技术上还是市场上，都比较容易成功。渐渐地，市场上“主流品种”葡萄酒越来越多，一些特色品种慢慢成为了非主流，甚至沦为“稀有”。

人是一个有很多愿望，有很多好奇心的动物。如果说狗可以只吃一种狗粮生活下去，那么让人只吃一种食物生存下去绝对是难以忍受的。同样，人也不会只喝一种口味的酒，于是越来越多的以前我们不曾关注的“稀有品种”浮出水面。它们有些和我们熟悉的“主流口味”相去不远，另外一些则可能是我们不太熟悉的。这些“稀有品种”并不因为“稀有”而变得价格更高，反而因为默默无闻而具有更加平实的价格。因此在这些品种当中，我们经常能够找到令人兴奋的酒。而那些已经价格飙飞的主流品种中，得到的却往往是失望。

（摘自2008-07-21，来源：《美食与美酒》，作者：赵凡）

【思考与实践】

1．请到葡萄酒专卖店或其他售卖葡萄酒的场所进行市场调查，收集市面上最常见的酿酒葡萄品种名称，并思考原因。

2．阐述鲜食葡萄和酿酒葡萄的差异，以及产生差异的原因。

任务三 葡萄酒的酿造过程

"I make it myself "

◆ 一串葡萄是美丽和纯洁的，一旦压榨，它就变成了有生命的存在。

——威廉·杨格（美国作家）

◆ 在本质上，酿酒人就好像在执导一部电影。他按个人的理解，塑造葡萄酒的酒体结构、滋味、神韵和特点，从而创作出酒文化的艺术佳作。

——菲利浦·塞尔登（《佳酿》杂志创办人）

【学习目标】

①掌握葡萄酒酿造的原理。

②了解葡萄酒酿造的一般过程，能够对其中的重点环节进行阐述。

【前置任务】

老师将全班同学以每4～6人一组的规模分组，作业以小组为单位完成，在课堂上进行展示、交流后由全班同学与老师进行评估，并给定分数。此分数作为小组的平时成绩，记入课程期末总评之中。

① 老师将提供给每个小组一张大的彩色硬卡纸。

② 请小组学习有关葡萄酒酿造的基础知识，用简单/易懂的图形和文字来描述葡萄酒酿造的一般过程，并向全班同学进行展示和介绍。

【相关知识】

一颗葡萄，从瓶外到瓶里。

这看似短暂的距离却要耗费经年累月的时光和人们的辛勤劳作。

一、葡萄酒酿造的原理

葡萄酒是大自然的发明，它让静止的葡萄变成了流淌的葡萄酒，在赋予它生命力的同时，更造就了葡萄酒千姿百态、丰富多彩的个性和特色。

远古时代，葡萄成熟之后跌落到地上，由于自然的挤压而破碎，接着，果汁流出来与皮上的天然酵母接触，发酵启动了，最初的葡萄酒诞生。人们发现了这香甜可口的美酒，从此开始不断地进行改良和创新，创造了现代的葡萄酒酿酒工业。

酒精发酵是葡萄酒酿造过程中最重要的转变，其原理可简化如下：

葡萄中的糖分＋酵母菌 ＋空气中的氧气⟹ 酒精（乙醇）＋二氧化碳＋热量

通常葡萄表皮上本身就含有天然的野生酵母菌，酵母菌必须在一定的温度下才能正常运作，温度太低酵母的活动会变慢甚至停止，温度过高则会杀死酵母使发酵停止，所以发酵过程中温度的控制非常重要。

发酵除了产生酒精之外，还会产生其他的副产品，如甘油。甘油可使酒的口感变得圆润，更容易入口。

二、葡萄酒酿造的一般过程

一杯葡萄酒的诞生是天、地、人三者智慧和汗水的结晶。

上天赐予的阳光雨露，土壤提供的矿石养分，还有人类的执著和创新，才造就了丰富多彩的葡萄酒世界。由于葡萄酒的种类繁多，酿造工艺也有所差别，以下以红葡萄酒的酿造过程为例简单介绍葡萄酒酿造的一些主要环节。

1．采摘

采摘葡萄有手工采摘和机械采摘两种方式。

机械采摘

手工采摘

手工采摘费时费力，人工成本很高，但比较精细，能够挑出烂葡萄和树叶，至今仍有一些欧洲的古老酒庄用手工采摘的方式来酿造顶级的葡萄酒。

相比较而言，机械采摘在现代酿酒工业中所占的比重要大得多，它具有速度快（在某些环境条件下至关重要，比如天气突变）、成本低（一台采摘机和50个采摘工人的工作量相当）、更加及时（采摘机在夜间也可工作）等优点。机械采摘虽然效率很高，但进行机械采摘要求葡萄藤必须按照特定方式攀援成长，而很多酿酒商认为这样无法得到最好的葡萄，而且机械采摘也缺乏人工采摘那样的精细度。

2．去梗破皮

采摘下来的葡萄要尽快送到酒厂，并进行去梗，让葡萄与梗分离。这主要是因为葡萄梗中的单宁收敛性较强，会让葡萄原汁中有一股不好闻的草味，必须部分或全部去除。

挤压去梗后的葡萄，挤出葡萄果肉，让葡萄汁与葡萄皮接触，从而让葡萄皮中含有的单宁、色素及芳香物质可以溶解到酒中。破皮的程度必须适中，以免释放出葡萄梗和葡萄籽中的油脂和劣质单宁，影响到葡萄酒的品质。

3．酒精发酵

酒精发酵是酿造过程中最重要的转变，其原理如上所述。在此过程中必须控制好发酵的温度，以保证发酵过程的正常进行。完成酒精发酵之后的葡萄酒会开始乳酸发酵，这主要是由于乳酸的稳定性高，可使葡萄酒酸度降低且更稳定、不易变质。但不是所有的葡萄酒都会进行乳酸发酵，特别是有一些白葡萄酒，常常会不经过乳酸发酵而特意保留高酸度的苹果酸。

4．榨汁

白葡萄酒在发酵前进行榨汁，红葡萄酒则在发酵后进行榨汁。要注意榨汁的压力不能太大，以免释放出葡萄籽和葡萄梗中的苦味和劣质的单宁。

5．橡木桶培养

橡木桶对于葡萄酒的生产具有非常重要的作用，橡木桶培养过程对红葡萄酒的意义尤其重大，几乎所有高品质的红葡萄酒都是经过橡木桶的培养而成的。

主要原因在于橡木桶能够提供给葡萄酒一个适度氧化的环境让其缓慢地成熟，并将橡木桶中原本内含的各种香味融入葡

萄酒中，使葡萄酒的香气和口感更加丰富与立体。

6．澄清装瓶

为了美观或者使酒的结构更稳定，通常会进行澄清的程序以除去酒中含有的死酵母等杂质，常用的方法有换桶、过滤法、离心分离法等。澄清之后才是装瓶，有些酒庄在装瓶之后仍会将酒在酒窖中储存一段时间，待其品质稳定之后才上市销售。

【知识拓展——盛装葡萄酒为什么要用橡木桶】

自罗马时代起，葡萄酒跟橡木桶就已经有密不可分的关系。当时橡木桶除了可以用来保存及运送葡萄酒外，还可以用来运送其他用品，如火药等。很多人尝试过使用其他类型的木头，例如栗木及胡桃树等，但是效果都不佳，主要是因为橡木本身有高伸张力，可轻易搬动、展延性强而且防水(酒)。后来酿酒师发现橡木里面的气孔会让葡萄酒在陈年过程中接触到微量的空气，从而启动轻微的氧化，而轻微的氧化作用会使葡萄酒变得更加柔顺并增添许多风味。

一棵橡木树需要150～230年的生长期才适合砍伐。可以用来做成橡木桶的橡木有两种，一种是美国的白橡木，另一种是欧洲的棕色橡木。美国白橡木的香气较浓、纹理较大、生长速度较快，所以价格比较便宜。欧洲的棕色橡木的香气与单宁比较细致，纹理较密，不过生长速度较慢，所以价格比较高。在所有欧洲橡木种类里面法国出产的橡木做出来的橡木桶质量最好，也最受到酿酒师的喜爱，不过因为供不应求所以价格不菲。

目前橡木桶烘烤的程度可分成三种，微烤、中烤与重烤。微烤过的橡木桶跟原来的橡木颜色差不多，放在这种橡木桶里面的酒会有浓郁的果香，但是单宁会比较厚重。中烤过的橡木桶通常会带给存放在里面的酒迷人的香草或咖啡香，此外有了这一层烘烤面后，酒中的酒精与木桶接触面变小，从橡木桶里萃取出来的单宁也会比较少。至于重烤过的橡木桶大多会带给葡萄酒浓厚的咖啡豆香、烤面包甚至烤肉等香气，不过味道过重很可能会压过酒本身的味道，所以比较适合用来陈酿美国波本威士忌。

（来源：大连日报，2009-04-10，节选）

〖思考与实践〗

1．了解更多有关葡萄酒酿造过程的知识，如二氧化碳浸渍法。

2．软木塞是葡萄酒生产中绕不开的话题，它在葡萄酒的发展历史中具有很重要的作用，但随着葡萄酒新世界越来越多地使用金属螺旋瓶塞，软木塞一统江湖的地位受到了很大的挑战。思考金属螺旋瓶塞和软木塞的异同，以及你如何看待螺旋瓶塞的日益广泛使用。

3．本节推荐阅读书目：《橡木桶——葡萄酒的摇篮》，李记明编著，中国轻工业出版社出版。

任务四 葡萄酒酒杯有多重要

◆ 葡萄美酒夜光杯，欲饮琵琶马上催。
醉卧沙场君莫笑，古来征战几人回。

——王翰（凉州词·唐代）

【学习目标】

①理解葡萄酒酒杯对于葡萄酒的重要作用。

②能分辨几种主要的葡萄酒酒杯，阐述它们各自的差异。

③掌握葡萄酒酒杯的日常清洗和保养的相关知识。

【前置任务】

老师将全班同学以每4～6人一组的规模分组，作业以小组为单位完成，在课堂上进行展示、交流后由全班同学与老师进行评估，并给定分数。此分数作为小组的平时成绩，记入课程期末总评之中。

①以小组为单位学习有关葡萄酒酒杯的知识。

②每个小组到市场上自行选购红葡萄酒酒杯、白葡萄酒酒杯、起泡酒酒杯各一只，带到课堂上与全班同学交流。

【相关知识】

如同中国的茶道，专业的茶具可以将茶叶的香味和口感发挥得淋漓尽致。

品尝葡萄酒也一样，一只好的酒杯不仅可以给人带来视觉上的美好享受，还能够更大限度地提升品尝葡萄酒的感受和乐趣。

一、好的酒杯为什么如此重要

美酒美器，相得益彰。

各种各样的葡萄酒酒杯

酒杯虽然不会改变酒的本质，但是通过合适杯形的引导，酒液可以流向舌头上适当的味觉区域，从而决定其香气、口感等，进而对酒的结构与风味的最终呈现产生影响。同时，酒杯的大小也会影响到酒的香气及强度，而且各种各样、充满了艺术设计美感的葡萄酒酒杯不仅满足了人们品尝葡萄酒时实用方面的需求，而且也从感官上带给人们极大的精神享受。

设计一只好的酒杯至少需要考虑三个方面的因素。首先，杯子的清澈度及厚度对品酒时视觉的感觉极为重要；其次，杯子的大小及形状会决定酒香味的强度及复杂度；最后，杯口的形状决定了酒入口时与味蕾的第一接触点，从而影响了人的味蕾对酒的组成要素的各种不同感觉。

二、葡萄酒品尝中所用到的几种主要酒杯

虽然说葡萄酒酒杯的选择主要基于个人喜好，不过从符合品饮功能的角度来看，好的葡萄酒酒杯还是有一些共同的特征。首先，一只好的葡萄酒酒杯应该是高脚的，这主要是为了避免拿酒杯时手的温度影响酒温。其次，它应该是无色透明的，这样才容易看清葡萄酒的颜色。而且好的酒杯还要有足够的容量和内缩的杯口，以便让酒得以适度地与空气接触并凝聚香气。

1．水杯

在有葡萄酒酒杯出现的场合中我们也常常能看到水杯的身影，它的作用是非常大的，水主要用于在喝下一款葡萄酒之前帮助清口，以免上一款酒的味道影响到对下一款酒的评判。正规的宴会上使用的水杯通常也是高脚杯，和葡萄酒酒杯不同的是它的高脚部分略短一点，杯身部分会显得长一些，给人比较敦实的感觉。

2．红葡萄酒酒杯

波尔多型（左）红葡萄酒酒杯与勃良第型（右）红葡萄酒酒杯

红葡萄酒酒杯要比白葡萄酒酒杯大。因为相比白葡萄酒来说，红葡萄酒更需要在和空气的接触中慢慢苏醒，通过氧化让口感变得更加柔和。同时，大杯肚的酒杯还可以充分地晃动又不至于让酒溅出来。

白葡萄酒酒杯

3．白葡萄酒酒杯

白葡萄酒酒杯杯肚和杯身都比红葡萄酒酒杯小一些。这主要是因为白葡萄酒不像红葡萄酒那样需大面积的空气氧化，较小的空气接触就能令其散发芳香，较小的杯口也容易聚集香气，不至于让香气消散得太快。

同时，白葡萄酒饮用时温度较低，一旦从冷藏的酒瓶中倒入杯中，其温度就会迅速上升，采用小杯更有利于保持低温。

4．起泡酒酒杯

起泡酒酒杯又被称为香槟酒酒杯。

起泡酒酒杯拥有优雅美丽的外观，但高雅的外观造型下其实是最实用主义的考虑。起泡酒酒杯拥有细长的杯身，这主要是用来观赏绵延不绝升起的气泡，杯沿向内收拢则是为了聚集香气。

常见的圆形呈碗状的起泡酒酒杯多在喜庆或宴会等场合时用来堆叠香槟塔，但不适合作为一般饮用起泡酒时的选择。

三、葡萄酒酒杯的持杯方式

不论是红白葡萄酒酒杯还是起泡酒酒杯都有很长的杯腿，这不仅是出于美观，更是具有实用的目的。

持杯时切忌用手接触到杯身，因为手的温度会影响杯中酒的温度。用手指轻轻地拿着高脚杯的杯腿部分，这才是正确的拿法。

【知识拓展——各具风情的葡萄酒酒杯】

各种风格、形状的葡萄酒酒杯已经成为餐桌上一道美丽的风景，它们不仅具有实用的功能，更承担着人们对美丽的无限憧憬与追求。

起泡酒酒杯

拥有漂亮、繁杂花纹图案的古典酒杯，装饰功能更多于实用功能

现代的新型葡萄酒酒杯

更加人性化的现代葡萄酒酒杯

造型简洁的现代酒杯

【思考与实践】

1．考察葡萄酒酒杯市场，如超市、葡萄酒专卖店、葡萄酒网络销售店铺等，调查普通玻璃葡萄酒酒杯和高档水晶葡萄酒酒杯的价格差别，了解价格差别产生的原因。

2．请思考葡萄酒的品尝中是应该更多地注重专家意见还是个人感受。

项目二　了解葡萄酒

◆ 打开一瓶葡萄酒就如同翻开了一本美妙的书。

——法国谚语

学习目标

①掌握葡萄酒的开瓶方法，能够按照标准操作进行开瓶服务。

②能够进行各种葡萄酒的现场服务，了解葡萄酒的储藏知识。

③理解每一种葡萄酒的口味特点、酿造方式等方面的区别，对其中的重点理论知识能够进行阐述。

④通过对比品尝逐渐建立和积累感官经验，加深对葡萄酒的认识。

葡萄酒的世界之所以丰富多彩是因为拥有不同个性和类别的葡萄酒，正所谓“一花独放不是春，百花齐放春满园”。不论是清爽怡人、酸甜可口的白葡萄酒，还是颜色粉嫩、如少女一样可爱的桃红酒，又或者浓郁丰厚、需要时间的积累才能展现其层次和均衡架构的红葡萄酒，还有口感圆润醇厚、香气扑鼻的甜白葡萄酒，每一样都能让你体会到葡萄酒的不同面貌和美丽。

现在你准备好进入这个博大精深的美丽世界了吗？

任务一　酸酸的白葡萄酒

◆ 葡萄酒是饮料中最有用的，药物中最可口的，食物中最令人感到舒畅的。

——希腊名言

【学习目标】

① 了解白葡萄酒的酿造过程、口感特点等知识。

② 学习葡萄酒的开瓶方法，在老师的指导下进行开瓶。

③ 掌握白葡萄酒的服务知识。

〖前置任务〗

老师将全班同学以每4～6人一组的规模分组，作业以小组为单位完成，在课堂上进行展示、交流后由全班同学与老师进行评估，并给定分数。此分数作为小组的平时成绩，记入课程期末总评之中。

① 每位同学自行到市场上选购一把酒刀，带到课堂上与全班同学交流。

② 以小组为单位学习有关开瓶的知识。

〖相关知识〗

很多人都是从红葡萄酒开始认识和了解葡萄酒的，他们以为葡萄酒的世界里只有红葡萄酒，甚至将葡萄酒统称为红酒。殊不知，葡萄酒的世界中还有很多其他的种类，白葡萄酒就是其中很常见的一种。

一、白葡萄酒的酿造

白葡萄酒既可以用白葡萄品种来进行酿造，也可以用红葡萄品种进行酿造。当采用红葡萄品种进行酿造时，要将葡萄皮与葡萄果肉分离开来，以免酒中萃取到葡萄皮中的色素，从而使颜色无法达到其要求。

与红葡萄酒在发酵后再进行榨汁不同的是，传统的白葡萄酒酿造工艺则是在发酵前进行榨汁，这主要是为了避免释放出皮中的物质。但现代的酿酒工业认为葡萄皮中富含有各种芳香物质和营养物质，采用白葡萄品种来酿酒时如果可以在发酵前进行短暂的浸皮过程除了可以给葡萄酒增添更多的新鲜果香之外，还可以使酒的口感更浓郁圆润。但为了避免释放出过多的酚类物质，要确保浸皮在低温下进行，浸皮的时间和破皮的程度也要适中。

按照葡萄酒中的含糖量来进行分类，最常见的葡萄酒主要有干白和甜白两大类。本节将主要介绍干白葡萄酒的情况，甜白葡萄酒将在后面的部分进行讲解。

二、白葡萄酒的特点

白葡萄酒的名称中虽然有一个白字，但并不表明其颜色是白色。

浅灰色

近似无色

1．白葡萄酒的颜色

优质的干白葡萄酒的颜色澄清透明，可以有近似无色、浅灰、浅青、浅黄带绿、浅黄、禾秆黄等多种颜色。白葡萄酒的颜色通常比较浅，尤其是刚酿成时几乎透明，淡淡的黄色泛着绿光，看起来明亮清新。但随着存放年限的增加，白葡萄酒的颜色会逐渐加深变黄，新鲜的绿色慢慢消失。如果白葡萄酒曾经在橡木桶中发酵与培养过，还会因为吸收了来自橡木桶中的单宁而导致颜色加深，呈现出金黄色。

浅绿色

浅黄色

2. 白葡萄酒的口感

酒越陈越香，这句中国的老话对于葡萄酒不一定正确，对于白葡萄酒则更是误导。绝大部分的白葡萄酒都是要尽早喝掉的，这样才能享受到其浓郁的果香和新鲜清爽的口感。一旦放的时间太长了，尤其是在保存不当的情况下，酒很容易丧失活力，口感和香气也会受到很大的影响。

当然，有一些顶级的白葡萄酒也具有很好的陈年能力，可陈年一二十年，甚至更长时间。陈年可以达到果香和酸度的平衡，口感和香气都能变得更丰富、更均衡。

3. 白葡萄酒的饮用温度

葡萄酒若可以控制在适当的温度饮用，就可以给人们带来更美好的感受。

白葡萄酒是具有浓郁果香的酒，如果饮用温度太低，酒的香气就会封闭起来，而如果温度太高，又无法让酸度有更好的表现。

一般来说，白葡萄酒的饮用温度可介于8～12 ℃，年份近的、清淡的白葡萄酒饮用温度要比年份远的、浓郁的白葡萄酒低。清淡的、趁新鲜喝的白葡萄酒可冰到6～10 ℃，而陈年的、酸度也较高的高品质白葡萄酒的饮用温度可以适当高些，其适饮温度为10～12 ℃。

三、葡萄酒开瓶

随着现代葡萄酒酿造工艺的发展，越来越多的新世界葡萄酒产国开始采用金属螺旋瓶塞来封装葡萄酒，这使得葡萄酒的开瓶变得不再困难，人们不需要借助任何工具，只需轻轻一扭即可享受美酒。

但传统的葡萄酒产国如法国、意大利等则大多采用软木塞，很多顶级的葡萄酒也多采用软木塞来封瓶。人们认为虽然金属螺旋瓶塞具有成本低、易开启、密封性良好等优点，但软木塞不论是从实用还是文化传统的角度都具有不可替代的优势。因此，当我们遇到一瓶用软木塞作瓶塞的葡萄酒时，最首要的事情就是挑选开瓶器，并学会正确地开瓶。

葡萄酒开瓶器的种类多样，造型和原理也各不相同，但基本用途都是切开封

"Sir, I do have a tool for that."

帽和拔出软木塞。这里我们仅介绍葡萄酒专业人士如侍酒师所采用的这种酒刀，其又被称为侍酒刀。

侍酒刀是非常古老的一种葡萄酒开瓶器，虽然也有不同的材质和造型，但构造非常简单，主要包含一把小刀、一个螺丝钻和一个卡口。对于新手，相对于其他的开瓶器而言，使用侍酒刀开酒比较费力，也容易弄坏木塞，所以必须经过不断的练习才能优雅而又轻松地开启一瓶美酒。

1．除去封套

用小刀沿着瓶口的圆圈状突出部位，将瓶口的封套割开，然后收起小刀，用手将封套去除。在此过程中注意不要转动瓶子，而是转动手，以免让陈年葡萄酒瓶底的沉淀漂起。

2．擦拭瓶口

用准备好的干净餐布擦拭瓶口，除掉瓶口的灰尘和霉菌。

3．拔出软木塞

将螺丝钻的尖头轻压入软木塞的中间，顺势旋转而入。注意不要将螺丝钻全部钻进软木塞，而应留一环，以免木屑掉入酒中。然后将金属部分的卡口轻轻卡住瓶口的突出部分，用左手固定，右手提起把手，利用杠杆的作用将软木塞慢慢拔出。等到软木塞将近全部被拔出时，再换用右手直接握住塞子，轻轻地摇晃拔出即可。

4．再次擦拭瓶口，并试酒

将软木塞取下，收起酒刀，用鼻子嗅闻软木塞的气息，看是否有异味，并将其放在小碟中递给客人看。用干净餐布再次擦拭瓶口，倒出大约30毫升的酒试酒，以确定酒是不是正常，有没有变坏。

在确认酒没有变坏的情况下，再将酒正式倒给客人品尝。

【知识拓展——白葡萄酒的温度（节选）】

有一点寒凉的4月夜晚，下了一点雨，温度降到15 ℃。从高雄开车上来的朋友迟了整整两个小时，赶到J-Ping餐厅时已经晚上9点多，还好老板在满座的周

末晚上还给我们留了一张空桌，不过，袋子里的白葡萄酒却已经退冰了。才坐下来，匆忙地要了两个酒杯，但却忘了提醒侍者带的是白葡萄酒，要准备冰桶。没多久服务生果然拿来了两个巨大的波尔多红葡萄酒酒杯上来。也许，上餐厅只喝白葡萄酒的人毕竟不多吧！望着桌上那双可以满满装进整瓶白葡萄酒的酒杯和那瓶Domaine de Richard的贝杰哈克干白酒Bergerac Sec。

幸亏一起吃饭的朋友平时只喝啤酒，还分不太清楚葡萄酒该怎么喝，所以他并没有用匪夷所思的表情看着我将闪着金黄颜色、还没冰的白葡萄酒匆匆地开瓶倒进杯子里。对于一瓶贝杰哈克干白葡萄酒，这酒其实算是有点老了，1996年份，酸味是重了一些，所以保存得还不错，才刚开始要转成陈年的特殊酒香很快地就从那宽阔的杯身中散出来。这酒喝了好多回，还是第一次变化出这样的香味呢！像是甜熟的糖水西洋梨磨入一点肉桂粉和加上一大匙的野花蜂蜜，最后再泡入一点糖渍柠檬皮以及帮助睡眠的椴树花茶（tilleul）。这样温柔软调的香气风格真是迷人，只有当熟的白葡萄酒才能有这般的温润丰富，当然，也因为这酒没有被那寒凉的冰桶给镇吓住，没把难能可贵的香气完全封闭起来。显然，那晚的意外多了一次美味的新体验。

也许是运气好，那天特别冷，酒其实还是微冰的16～17 ℃，喝起来并没有因为温度的关系失去均衡，只是微微地让酒精的味道重了一些，口感更加圆润。这让我回忆起在布根地时常听说的一句话，“喝布根地成熟老白葡萄酒的温度和喝陈年黑皮诺红葡萄酒的最佳温度其实是差不多的”。乍听也许很怪异，但仔细想却是相当有道理，特别是现在到处习惯把白葡萄酒像香槟般丢进浮满冰块的冰桶里泡着，其实，对酒的伤害是很大的，特别是那些满是成熟香气，但又特别脆弱的陈年干白葡萄酒。

也许，大家喝习惯了香味扑鼻，口感肥硕的美式或更加香甜肥润的澳式夏多内白葡萄酒，那些酒还真是需要特别冰凉的7 ℃以下低温！不然喝起来常会让人觉得发腻，要喝超过一杯都不太容易。也有些年轻、清淡、多果味、甚至还带一点点小气泡的可爱干白葡萄酒，如同当止渴的饮料般喝，冰一点也是无防。但是，其他的干白葡萄酒，甚至于顶级的香槟却是不该被同样对待的，在大部分的情况下，在15 ℃的范围内，酒温宁可高一点也不要太低，除非真的是在没有空调的大热天里喝酒。酒温太低会让酒的香味出不来，再好的酒也不会迷人。

除了温度不要太低，出人意料的，塞满冰块的冰桶常常也是美味白葡萄酒的头号杀手。因为冰桶里的温度接近0 ℃，高温差的接触瞬间常会把独具细致香气的白葡萄酒弄成香味封闭的哑巴酒，不可不慎。葡萄酒是一种常常要考验饮者耐心的饮料，急躁的个性是绝对讨不到便宜的。在冰凉葡萄酒这件事上也是如此，慢慢地降温绝对胜过急速冰冻，注意冰桶里要多水少冰，或者更理想的是直接放进冰箱的冷藏室里，然后耐心地等上两个小时。

（来源：《开瓶》，林裕森，重庆出版社，2009年2月）

【思考与实践】

1．相对于白葡萄酒而言，中国的消费者似乎对红葡萄酒一往情深。请思考如何向中国的消费者推销白葡萄酒。

2．了解白葡萄酒与菜式搭配的基础知识，并在自己的日常生活中进行尝试。

任务二　可爱的桃红葡萄酒

葡萄牙第8届国际漫画节
“葡萄酒”特别展第二名：一发不可收　门德兹（古巴）

◆ 古来圣贤皆寂寞，唯有饮者留其名。

——李白（唐）

【学习目标】

①了解桃红葡萄酒的酿造过程、口感特点等知识。

②理解酒标的作用，掌握酒标上面主要部分的含义。

③巩固葡萄酒的开瓶技能。

【前置任务】

老师将全班同学以每4～6人一组的规模分组，作业以小组为单位完成，在课堂上进行展示、交流后由全班同学与老师进行评估，并给定分数。此分数作为小组的平时成绩，记入课程期末总评之中。

①以小组为单位收集至少3个外国葡萄酒酒标，可以是照片，也可以是实物。

②了解酒标的作用和含义，与全班同学交流自己组所收集的酒标上面的信息。

③学习有关桃红酒的基础知识。

【相关知识】

桃红葡萄酒以其粉嫩、可爱的颜色为人们带来视觉上的美好享受，因而又被称为玫瑰红葡萄酒、粉红葡萄酒，其颜色介于红、白葡萄酒之间。

但桃红酒的魅力却不仅限于漂亮的颜色，相比红白葡萄酒，它在口感方面也有其独到之处。

一、桃红葡萄酒的酿造

桃红葡萄酒主要采用红葡萄品种酿造，由于酒中含有色素，因此也会有葡萄皮和果汁的接触。但与红葡萄酒的酿造过程有所不同的是，桃红酒中所含有的色素比较少，所以只是将葡萄皮和果汁进行短暂的接触，从而获取浅浅的颜色，一旦酒的颜色达到要求就马上将皮汁进行分离，之后才开始正式的发酵过程。

另外一种酿造桃红葡萄酒的方法俗称“放血”，又被称为法式方法，通常用于酿制颜色更深一些的桃红酒。这是酿酒厂为了得到颜色较深的浓郁的红葡萄酒，而将最初颜色较浅的桃红色葡萄汁过滤掉，即所谓的“放血”，以提高葡萄皮和葡萄汁的比例。然后再将这些过滤掉的桃红色葡萄汁进行发酵，之后就得到了桃红葡萄酒。在这一酿造方法中，桃红葡萄酒被认为是红葡萄酒的副产品。

还有一些产区会将发酵好的红葡萄酒和白葡萄酒混合，调配出桃红葡萄酒。这种方法在很多产区是明令禁止的。

二、桃红葡萄酒的特点

桃红葡萄酒酒如其名，拥有亮丽动人的桃红色泽。

1．桃红葡萄酒的颜色

桃红葡萄酒的颜色丰富多彩，每个产区所拥有的葡萄品种与酿制方法的不同，都可能造成颜色上的差异。

优质的桃红葡萄酒的颜色清澈纯净，不能看起来好似掺了水的红酒，也不能

有过量的橙色或紫色，色泽必须呈现出原体的桃红色，可以有浅樱桃红、浅石榴红、黄玫瑰红、橙玫瑰红、桃红、洋葱皮红、浅紫红色等多种颜色。

桃红葡萄酒的魅力很大一部分来自于漂亮的颜色，这也正是桃红葡萄酒大都采用透明玻璃瓶来进行装瓶的主要原因。

各色桃红

2．桃红葡萄酒的口感

桃红葡萄酒的浸皮时间并没有红葡萄酒那么长，因此酒中所含有的单宁含量比较少，而酸度又比白葡萄酒低，没有了单宁和高酸度的保护，桃红酒的老化速度非常快，因此其口味轻重不一、颜色各不相同，但总体而言大部分桃红酒都是要趁新鲜、尽快饮用的酒。

桃红葡萄酒的颜色介于红、白葡萄酒之间，在口感方面也融合了红、白葡萄酒的特点。桃红葡萄酒中含有少量单宁，口感上会比红葡萄酒柔顺和容易入口；同时，桃红葡萄酒中也含有酸，因此口感上面也有白葡萄酒的清爽，并含有新鲜、清新的水果香气。总体而言，桃红葡萄酒是口感圆润、柔顺爽口的酒，单宁少而酸度相对突出，是葡萄酒入门者很容易接受和喜爱的酒。

3．桃红葡萄酒的饮用温度

桃红葡萄酒的风格更倾向于干白葡萄酒，也是要趁凉爽来喝的酒，这样的温度才能显出桃红葡萄酒的清香、爽口，因此更适合炎热的夏天。

一般来说，桃红葡萄酒的饮用温度可介于10～15 ℃。

三、葡萄酒酒标

酒标如同酒的身份证，上面标示了关于瓶中所装酒的很多重要信息，是消费者在选购葡萄酒时的重要依据。各葡萄酒产酒国的酒标的风格各异，但基本信息却大同小异。

1．**正标和背标**

很多葡萄酒，尤其是进口葡萄酒通常会有两种酒标。

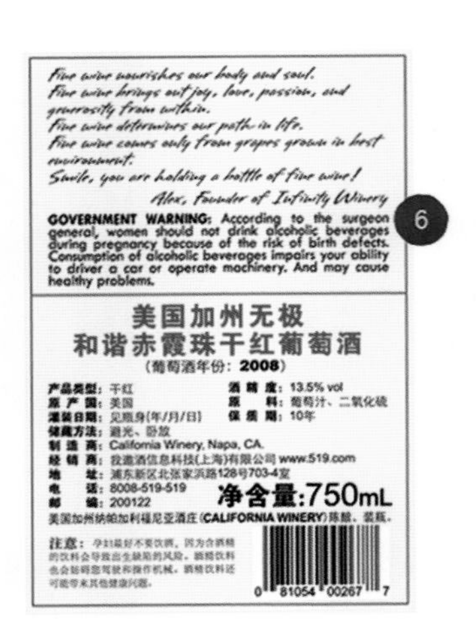

葡萄酒的正标（左）和背标（右）

一种叫正标，是原产国酒厂的酒标，通常用产酒国的文字进行标示，关于葡萄酒的关键和主要信息大都来自正标。另一种叫背标，是正标的补充，贴在正标的后面，是进口商或者原产国酒厂按政府的规定附上的酒标，通常用进口国家的文字进行标示，让消费者能够清楚地看懂相关信息。

2．**正标的主要内容**

各葡萄酒产酒国的酒标风格和具体内容会存在差异，但一般都会包含以下信息，如葡萄品种、品牌、年份、产区、产酒国、酒精含量、容量、等级、酿造厂等。

(1) 葡萄品种

在葡萄品种这一点上，新旧世界的做法存在很大不同。旧世界尤其是法国，其葡萄酒酒标上往往并不标示葡萄品种，消费者只有在比较了解法国葡萄酒产区情况的条件下才能通过产区信息知道该瓶酒所采用的葡萄品种的有关信息。新世界的产酒国，以美国和澳洲为代表，则喜欢在酒标上清晰标示所用葡萄品种，以

便消费者进行有针对性的挑选。

从这一点来说，新世界的酒标要更加简明易懂。

(2) 年份

酒标上所标示的年份是葡萄的收成年份，并不是葡萄酒装瓶上市的年份，这两者之间有很大的区别。对于有些顶级的葡萄酒来说，葡萄收成的年份与装瓶上市的年份之间可以存在少则数年，多则十几年甚至更长时间的差异。

如果酒标上没有标示年份，则表明酿造该酒所采用的葡萄来自不同年份。

(3) 等级

为了更好地控制葡萄酒的质量，各葡萄酒产国往往都会制定相关的等级制度，并在酒标上进行标示，以便消费者购买时参考。如法国将葡萄酒划分为法定产区葡萄酒AOC、优良地区餐酒VDQS、地区餐酒VDP、日常餐酒VDT四个等级。

但有一些新世界葡萄酒产国由于葡萄酒酿造历史比较短，没有制定分级制度，所以在酒标上没有标示等级方面的信息。

(4) 酒精含量

酒精含量通常以“%”进行标示，在8%～15%之间。

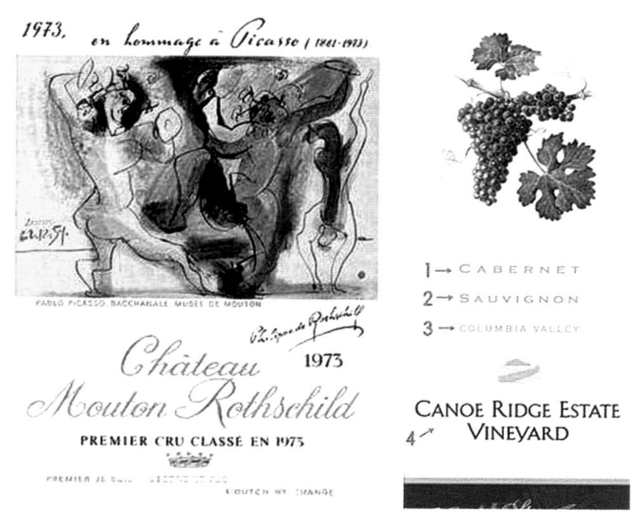

旧世界酒标（左）与新世界酒标（右）的对比

【知识拓展——粉红葡萄酒的美味关系（节选）】

男人喝重口味的粗犷红酒，女人喝冰凉细致的白酒，那粉红葡萄酒呢？在葡萄酒国际行销课程的讨论会上，我们的瑞士籍教授邀请L牌香槟厂的行销经理和我们分享粉红香槟的成功经验。来自澳大利亚的男同学摇摇头说："这在我们那里一定行不通，男人喝粉红色的东西会被当做是Gay。"行销经理似乎受到启发，准备计划隔年要全力进攻同志市场。

男人可以爱粉红葡萄酒吗？

我确实爱喝粉红葡萄酒，特别是像蝉鸣叫得特别响的时候，如果你知道粉红葡萄酒是如此的妙用无穷，大概也会跟我一样在冰箱冰着一两瓶吧！不带甜味，美味顺口的粉红葡萄酒可是相当难寻的，自认喜爱喝葡萄酒的人，很少有人敢将粉红葡萄酒摆上桌，因为市场上有太多带着甜味，添加香料和糖的廉价加味粉红葡萄酒，连带得所有粉红色的酒都带上了劣质酒的原罪。习惯喝加味带甜口味的人喝不惯干型的粉红葡萄酒，至于爱喝干型酒的人又瞧不起，买的人少，酒商自然不敢进口。于是，清凉可爱，果香充沛，价格又便宜的粉红葡萄酒反而成了稀有难得的酒了。

粉红葡萄酒刚出现在法国大众市场时，不红不白的颜色，也有过尴尬的时期，但是也因为这样的中性路线，让粉红葡萄酒拥有无可取代的专长。许多以前很难搭配的菜式，自从有了粉红葡萄酒之后都变得轻而易举。例如多油脂的鲑鱼或是浓稠味重的马赛鱼汤，甚至最常见不过的，却是葡萄酒杀手的油醋沙拉也都成了粉红葡萄酒的绝配。法国人不太熟悉亚洲菜色，对于那些经常添加许多香料或是偏酸甜滋味的法国化亚洲料理，不用说，全都可以拿粉红葡萄酒来配，不管是不是绝配，但至少也都合得来。在巴黎的中国餐厅里，除了青岛啤酒外，来自法国隆河产区的塔维勒（Tavel）干型粉红葡萄酒是最畅销的必备酒款。

在法国的各地菜系中，粉红葡萄酒最适合搭配地中海岸式，多橄榄、蒜头、香草、蔬菜与海产的菜色，尤其是普罗旺斯的夏季菜式，一瓶粉红葡萄酒就可以从开胃菜、沙拉、前菜、主菜一路喝到奶酪。许多人对粉红葡萄酒的喜爱，都是从普罗旺斯的露天午餐开始的，在那如此蔚蓝的晴空底下，不论是在乡间度假别墅院子里的橡木树下，还是小村广场边的露天咖啡座上；还是小渔港边的海鲜餐厅，或是铺满人肉地毯的海滩边，任何一瓶顶级的佳酿都比不上一瓶冰凉的粉红葡萄酒来得适情适意。而当这些远来的度假人潮回到冰冷的北方，即使是冬日里的一杯普罗旺斯粉红葡萄酒，都可以勾起那洒满地中海炙阳的夏季回忆。也难怪，普罗旺斯会成为全世界最大的粉红葡萄酒产区。

跟所有的葡萄酒一样，粉红葡萄酒的颜色也会随着时间改变，越来越偏土黄色，最后变成洋葱皮色，通常这样的粉红葡萄酒都已经太老了，唯一的例外是那些昂贵的粉红香槟，才刚好到了成熟的巅峰，正好可以用来搭配烤羔羊

排，这样淡雅颜色的粉红葡萄酒，连波尔多最雄壮威武的梅多克红酒都要退让三分。

（来源：《开瓶》，林裕森，重庆出版社，2009年2月）

【思考与实践】

1．考察葡萄酒市场，重点观察葡萄酒的酒标，请阐述新旧世界葡萄酒的酒标有何区别。

2．了解桃红葡萄酒与菜式搭配的基础知识，并在自己的日常生活中进行尝试。

任务三 奇妙的红葡萄酒

◆ 面包是我的肉，葡萄酒是我的血。

——耶稣

◆ 酒是一餐中的精神部分，肉则是物质的。

——小仲马（法国）

【学习目标】

① 了解红葡萄酒的酿造过程、口感特点等知识。

② 理解单宁和橡木桶对于红葡萄酒的重要作用，并能进行阐述。

③ 了解醒酒的利弊，能进行红葡萄酒的醒酒服务。

【前置任务】

老师将全班同学以每4～6人一组的规模分组，作业以小组为单位完成，在课堂上进行展示、交流后由全班同学与老师进行评估，并给定分数。此分数作为小

组的平时成绩，记入课程期末总评之中。

①以小组为单位购买一个醒酒器。

②收集各种醒酒器的照片，或自己绘制图片。

③与全班同学交流自己对醒酒器的认识。

【相关知识】

在葡萄酒的世界里，红葡萄酒尤其受到中国人的喜爱，也许是因为我们特别钟爱喜庆的红色。

从葡萄酒中所含的成分来说，红葡萄酒由于萃取到葡萄皮中的色素和多酚物质，因此在口感方面比白葡萄酒更丰富。且多酚本身是一种强抗氧化剂，可减缓血液凝结的速度，有助防止动脉硬化，有效降低心脏病发作的机会。因此，适量饮用红葡萄酒有益健康。

一、红葡萄酒的酿造

红葡萄酒可以由红葡萄品种来酿造，也可以由染色葡萄品种来酿造。葡萄酒中的红色均来自葡萄皮中的天然红色素，绝不可使用人工合成的色素。

传统的白葡萄酒酿造方法是在发酵前进行榨汁，而红葡萄酒的酿造则采用发酵后再进行榨汁的方法，经过破皮去梗之后将果肉、果皮统统装进发酵桶中发酵，使得葡萄皮中的单宁和红色素渗入葡萄汁中，这就是所称的“浸渍”。

浸渍时间一般为4～5天，长的也可达到2～3周，具体多久酿酒师会根据所酿造的红葡萄酒的不同类型而定。当酿造单宁含量较低、较柔顺易入口的红葡萄酒，如法国博若来地区的新酒时，浸渍时间会很短；当酿造可长期收藏的红葡萄酒时，因为需要大量的单宁，酿酒师会延长浸渍时间。

大部分红葡萄酒的酿造都有苹果酸—乳酸发酵这一环节，这一环节又被简称为乳酸发酵或者后发酵，主要是由乳酸菌将苹果酸分解为乳酸，将酸涩的苹果酸转变成比较柔顺且稳定的乳酸，降低酸度，增加其稳定性，使葡萄酒的口感更圆润，同时还给葡萄酒增添一些其他的香气，改善葡萄酒的风味。

二、红葡萄酒的特点

红葡萄酒拥有丰富多变的各种红色。

1．红葡萄酒的颜色

优质的红葡萄酒的颜色非常多，有深紫近黑、紫红色、自然宝石红色、石榴红色、樱桃红色、淡紫红色、橘红色等。

葡萄酒的颜色并非固定不变，而是随着时间不停地改变。

年轻的白葡萄酒颜色比较浅，随着存放的时间越来越久其颜色逐渐加深变黄，红葡萄酒则正好相反。一般而言，刚酿成的红葡萄酒的颜色较深，比如深紫红色，随着贮存年份的增加紫色慢慢消失，转变成红色，然后慢慢转变成砖红或褐红色，颜色会越来越浅。

2．红葡萄酒的口感

与白葡萄酒不同的是，红葡萄酒含有较多的单宁，其主要来源于葡萄皮，苦涩就来自于单宁。单宁的涩味为葡萄酒提供味觉的骨架，支撑葡萄酒其他的味道，形成更立体多面向的味觉感受，使酒体结构稳定，并更加丰富。同时单宁具有抗氧化的作用，是一种天然防腐剂，可以有效避免葡萄酒因为被氧化而变酸，使长期储存的葡萄酒能够保持最佳状态，因此单宁对于红葡萄酒的陈年能力具有决定性的作用。如果红葡萄酒的单宁不足，则会给人柔弱无力的感觉。

但并不是单宁含量越高，葡萄酒就越好。一杯好的红葡萄酒，应该是酒精、酸以及单宁相互协调和平衡的结果。

3．红葡萄酒的饮用温度

红葡萄酒的饮用温度要高于白葡萄酒和桃红葡萄酒，这主要是由红葡萄酒的口感决定的，红葡萄酒中含有较多的单宁物质，饮用温度过低则会使口感偏苦涩。

一般而言，新鲜的、清淡的红葡萄的饮用温度要低于陈年时间长的、浓郁的红葡萄酒，前者的饮用温度可在12～14 ℃，后者的饮用温度可在15～18 ℃。

三、醒酒与换瓶

在红葡萄酒的服务当中，我们经常会用到醒酒器，其中醒酒与换瓶是两个既有区别又有联系的概念。

1．醒酒器

醒酒器又被称为过酒器、滗酒器，英文是Decanter。

醒酒器通常有净透的玻璃瓶身，容量一般大于一瓶葡萄酒的标准容量750 毫升，这主要是为了保留一定的空间让葡萄酒进行醒酒。现在，各种风格和形状的醒酒器已经成为餐厅中一道美丽的风景线，其外形设计在工艺容许的情况下可以进行最大限度的创造，因此也产生了很多美轮美奂的醒酒器。

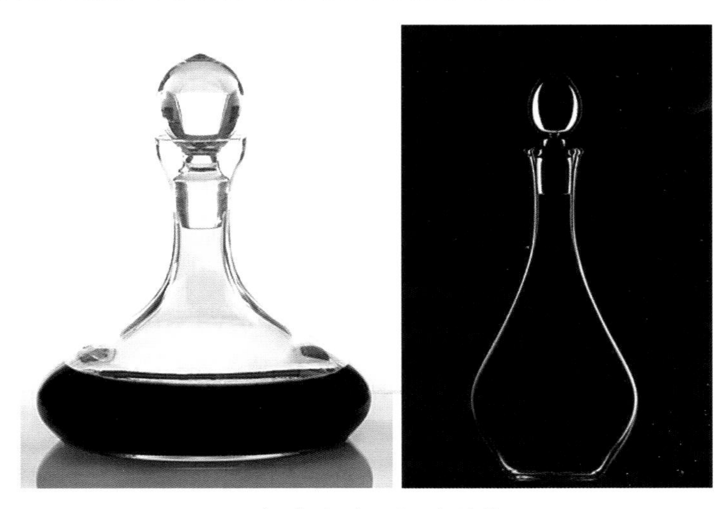

比较常见的醒酒器形状

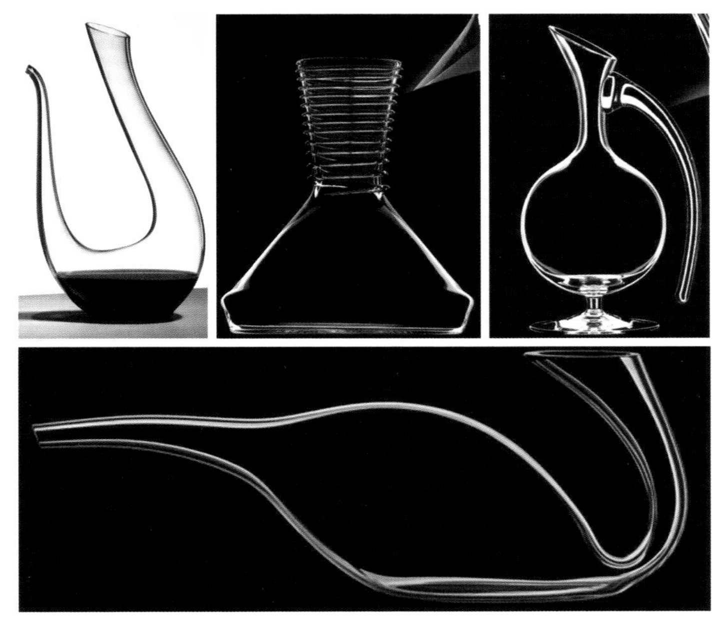

各种充满了艺术感的醒酒器

2．醒酒

醒酒就是人们在饮用红葡萄酒之前预先将酒打开，使其与空气接触，方便香气散发出来，以及除去酒中的怪味，并帮助葡萄酒中的单宁氧化，降低涩味，使口感更柔和。英文称之为“Decant”，中文形象地翻译成“醒酒”，好比说瓶中的酒原先是沉睡着的，在喝之前要用时间和耐心等酒慢慢地苏醒过来，将其唤醒，这样才能让葡萄酒的美态展现。

在饮用之前将红葡萄酒提前开瓶之后放置也是醒酒的一种方式，但是在狭窄的瓶口空间中葡萄酒和空气接触的面积非常小，即使提早几小时开瓶，所产生的效果也非常有限。因此，如果确定一瓶葡萄酒需要醒酒，现在更常用的方式是将其倒入醒酒器中，醒酒器通常有较宽的腰身可以让葡萄酒与空气接触的面积大增，以达到让酒苏醒过来的目的。如果身边没有醒酒器，将酒直接倒入杯中也是醒酒的一种方式。

3．换瓶

换瓶是将一瓶葡萄酒倒入醒酒器的过程。换瓶的作用除了醒酒之外，更主要的是为了除去葡萄酒中的酒渣。

早期的葡萄酒在澄清净化方面做得并不好，很多葡萄酒尤其是储藏时间较长的都有相当甚至是显著的沉淀物，即酒渣。酒渣主要是由单宁和红色素等物质聚合产生的、沉积在瓶壁或瓶底的絮状物质。若将这些酒渣倒入杯中，不仅会影响品酒者的视觉评价，而且掺杂着杂质的酒喝起来口感也会不舒服。在现代的葡萄酒酿造工艺中，酒在装瓶前已经被过滤得很干净了，消除了酒渣的麻烦，因此换瓶也主要是为了醒酒，让其与空气接触，来氧化酒液和柔化单宁，以及让人们陶醉于换瓶所带来的视觉享受。

4．换瓶的操作

如果换瓶是为了除去酒渣，则必须至少提前一天让酒由平躺变成直立，以便酒渣可以缓慢地沉淀到瓶底，同时开瓶之前要尽量避免晃动，每次移动都要保持平稳，以免使酒渣泛起。开瓶之后，在酒瓶下方准备蜡烛，将酒缓慢且不间断地倒入醒酒器中，并随时注意光线下沉淀的情况，瓶口处一旦出现酒渣就马上停止。

如果换瓶只是为了醒酒，则不需要蜡烛。一般以左手握醒酒器的颈部或其他把手部位，右手握瓶身中下部分，将酒缓慢连续地倒入醒酒器中即可。

【知识拓展——橡木桶和红葡萄酒】

很多红葡萄酒都在橡木桶中进行存储，有一些白葡萄酒也会在橡木桶中进

行存储。橡木桶就如葡萄酒的良师益友，陪着葡萄酒完成从生涩、年轻到圆润、成熟的转变，不仅为葡萄酒的成长提供一个适度氧化的环境，而且为葡萄酒增添更多的香气和口感，完善其骨架和结构，使其更丰富，也更精致细腻。

国际上橡木桶的容积有225升、450升、600升、1 000升等。一般而言，越小的桶对葡萄酒的影响越大，新桶使用超过三年之后其本身所含的香气和单宁差不多已被耗尽，就必须进行更换。

1．适度的氧化作用

法国化学家巴斯德曾说过："是氧气造就了葡萄酒。"由此可见氧气对葡萄酒成长的重要作用。人们曾经尝试用很多种不同的木材来作为葡萄酒的存储容器，但最终发现只有橡木和葡萄酒的搭配才最完美。

橡木桶壁具有透气的功能，可以让极少量的空气穿过桶壁，渗透到桶中使葡萄酒产生适度的氧化作用，这种适度的氧化不会使酒变质，它可以柔化单宁，让酒更圆熟，使酒的结构更加稳定，同时也让葡萄酒中新鲜的水果香味逐渐转变成丰富多变的成熟醇香。

2．为酒增加更多的香气和口感

橡木类型、烘烤程度不同，在其中存储的同种葡萄酒的风格也会有较大的差异。因此，酿酒师要根据所酿葡萄酒的风格来仔细挑选橡木桶，以便让桶内含有的香味融入酒中。除了橡木味之外，橡木桶还可为酒增添诸如奶油、香草、烤面包、烤杏仁、烟味和丁香等香味，使葡萄酒的香气更加怡人，口感也能更加丰富。

但并不是所有的葡萄酒都适合在橡木桶中进行存储，因为有些葡萄品种本身的香气比较清淡，如果存储在橡木桶中会使得橡木的香气掩盖葡萄品种本身的香气，其本身的特色难以发挥。

一般而言，香气浓郁、结构感强、有陈年潜力的葡萄酒才适合橡木桶存储，比如红葡萄品种赤霞珠、西拉、美乐、黑皮诺等，白葡萄品种中的霞多丽酿成的酒也经得起橡木桶存储。

【思考与实践】

1．思考橡木桶在红葡萄酒的成长中所起到的作用。

2．了解红葡萄酒与菜式搭配的基础知识，并在自己的日常生活中进行尝试。

3．是否所有的红葡萄酒都需要醒酒？什么类型的酒需要醒酒？为什么？

4．进行醒酒的技能操作训练。

任务四 欢乐浪漫的起泡酒

◆ 幸福的家庭是回家等着温暖的太太和冰凉的香槟，不幸的家庭是等着冷淡的太太和温热的香槟。

——酒评家叶山考太郎（日本）

◆ 香槟是唯一让女人喝下去变得漂亮的一种酒。

——庞巴度夫人（法国）

◆ 轰轰烈烈的爱情从香槟开始，在花茶中死去。

——巴尔扎克（法国）

【学习目标】

①掌握起泡酒的酿造过程、口感特点等知识。

②了解香槟的历史、起源和分类，以及其在起泡酒世界中的地位。

③掌握起泡酒的开瓶及其服务。

【前置任务】

老师将全班同学以每4～6人一组的规模分组，作业以小组为单位完成，在课堂上进行展示、交流后由全班同学与老师进行评估，并给定分数。此分数作为小组的平时成绩，记入课程期末总评之中。

①以小组为单位准备一个3～5分钟的主题演讲。

②演讲的主题有：起源、奇闻趣事、酿造方式、贝里侬修士、庞巴度夫人等。

③可以借助自己能想到的任何形式来辅助演讲，如实物、图片、PPT、表演等。

【相关知识】

起泡酒（Sparkling Wine）又被称为气泡酒、汽酒，是一种含有气泡的葡萄酒。与其相对应，不含有气泡的葡萄酒则被称为静酒（Still Wine）。

起泡酒因为其所含有的独特的气泡而成为特别适合欢庆、奢华场合的葡萄酒，其连绵不绝上升的气泡能够渲染和烘托气氛，也因此起泡酒成为欢乐的代名词，无论是在婚礼、开业庆典、公司年会、周年纪念、庆功宴，还是家庭聚会以及日常用餐中，都能很容易看到起泡酒的身影。

一、香槟（Champagne）——起泡酒中的佼佼者

如果说起泡酒是葡萄酒世界中一群可爱的精灵，那香槟就是这群精灵的首领。法国香槟产区以其悠久的历史、严格的酿造工艺、最早的原产地命名制度，以及优质的葡萄原料、良好的地理气候与环境，酿造出了举世闻名的香槟。法国香槟产区独有的土壤、气候、文化成就了独一无二的香槟，让它成为张开翅膀的天使。

1．酿造香槟的葡萄品种

并不是所有的起泡酒都能称之为香槟。根据法国原产地命名制度，只有产自法国香槟产区、采用传统香槟酿造方法酿制而成的起泡酒才能被冠以“香槟”之名，否则一律只能被称为起泡酒。

法国的原产地命名制度规定了用于酿造香槟的三种葡萄，分别是黑比诺（Pinot Noir）、莫尼埃比诺（Pinot Meunier）和霞多丽（Chardonnay），其中前两种是红葡萄品种，后一种是白葡萄品种。所有的香槟酒都由这三种葡萄按不同的比例搭配调制，一些酒厂也推出以单一品种，如霞多丽或黑比诺酿制的香槟。在香槟的调配中，黑比诺赋予其坚实的架构，对于酒体、香气和结构起着主要的作用。霞多丽赋予香槟植物和花类的香气，让酒质更加优雅和细腻。莫尼埃比诺较柔顺，并且具有浓烈的香气，赋予香槟更完整的品质。

2．酿造香槟的方式

香槟的产区是法国最北的葡萄酒产区，那里气候寒冷，葡萄的生长条件十分恶劣。在漫长的酿酒岁月中，香槟人一直努力与严峻的气候抗衡，希望制作出高质量的静酒，但因为天气太冷，此地所产酒的品质并不是很高。

17世纪末，一位本笃会的教士贝里侬（Dom Pérignon）改变了香槟的历史。香槟的发明应该是很多酿酒人共同努力的成果，但贝里侬修士完善和改进了香槟酿造的关键技术环节，也因此被后人尊称为“香槟之父”。在香槟产区，葡萄的晚熟与寒冬的早至会让当年收获的葡萄没有完全发酵就被迫终止，并被装入玻璃瓶中，而酒中的残糖在来年天气转暖的春日里会开始二次发酵，产生的二氧化碳气体就被封闭在酒瓶里，气泡的压力时常将玻璃瓶爆开，贝里侬修士经过多年潜心研究酿造出品质稳定的冒泡葡萄酒，也就是香槟，这种新奇的葡萄酒受到法国上流社会的追捧，从此受到世界各地人们的喜爱。

(1) 瓶内二次发酵法

香槟只能用瓶内二次发酵法来生产，即通常所说的“香槟法”。

香槟酒丰富的气泡必须是自然发酵的结果，而非人为注入的二氧化碳气体，为此必须先将葡萄汁酿成没有气泡的葡萄酒，然后装到瓶中添加糖汁与酵母，并将酒瓶进行密封，进行第二次发酵，以便产生微小细腻的气泡。

(2) 手工转瓶

葡萄酒在密封的酒瓶中进行二次发酵的时候产生细腻的气泡，同时发酵后死去的酵母慢慢地沉积在瓶壁上，形成难看的沉淀。如何除去沉淀曾经是困扰香槟

人很久的一个难题。

在1818年，凯歌香槟（Veuve Clicquot）的酒窖主管发明了一种方法，在二次发酵结束之后的陈酿过程中，他将酒瓶瓶口朝下，斜插在木制人字形支架上钻出的一个个孔里，工人每天每次转动瓶子8圈，直到瓶中的沉淀物全部聚集在瓶口。然后再将沉淀物积聚的瓶颈部分插进−26 ℃的盐水里，直至瓶颈部分的酒与沉淀物结冰固化，再打开瓶盖，香槟的压力会把冰块挤出，以此得到清澈纯净的香槟酒。这个过程会损失一点葡萄酒，因此酒厂在这个环节结束之后还要向瓶中补回去一部分甜酒，补回去的甜酒的糖度就决定了香槟的糖度。

3．**香槟的分类**

各种品牌的香槟

（1）无年份香槟（NV）NON VINTAGE

无年份香槟是指为了保持香槟酒每年质量和口味的稳定，将不同年份、不同品种、不同产地的葡萄酒混合调配而成的香槟。这些酒在香槟总产量中所占比例最高，也最能反映各酒厂的特色与风格，再加上价格较其他类型的香槟便宜，故而也最受一般消费者青睐。

绝大多数香槟品牌都会有一款基本NV香槟，并以此作为自己风格的代表。

（2）年份香槟 VINTAGE CHAMPAGNE

年份香槟是标有葡萄采收年份的香槟，是以单一年份收成的优质葡萄所酿制。年份香槟的珍贵不在调配技术，而在于不好的年份根本就无法生产年份香槟，因此年份香槟一般都产量不多，也没办法每年推出，所以价格会比较高。

（3）粉红香槟 ROSE CHAMPAGNE

粉红香槟通常是将红葡萄酒加入白葡萄酒中调配成粉红葡萄酒，之后再进行瓶中二次发酵，因此在风味和口感上粉红香槟带有红葡萄酒的重量感，红葡萄酒加得越多，酒的风格就越强劲，涩味也比较重，带更多的粗犷风味，色彩则呈现梦幻般美丽的粉红色。

粉红香槟

年份香槟

二、起泡酒的特点

起泡酒被世人称为唯一会跳舞的葡萄酒，它不仅拥有丰富多变的美丽色彩，而且还有欢腾跳跃的气泡，这些都能增添欢乐的气氛。

1．起泡酒的气泡

优质的起泡酒应该拥有雪白、细腻的气泡，连绵不绝上升的细微气泡已经成为优质起泡酒的一个显著特征。

一般来说，气泡持续的时间越长则代表酒的品质越高，这很大程度上是为了满足人们对于起泡酒的视觉观赏需求。

好的起泡酒酒杯都有修长的杯身

为了欣赏美丽的气泡，我们要用杯身细长的郁金香型高脚杯来饮用起泡酒，以便观察气泡的力度、上升速度和持续时间。同时，杯子一定要擦干净。

2．起泡酒的颜色

起泡酒的颜色必须清澈纯净，不仅有白起泡酒，还有粉红起泡酒和红起泡酒，颜色有淡黄色、淡绿带黄色、稻草黄、金黄色、桃红色、红色等各种色泽。通常金黄色的起泡酒口感会更浓郁，香气也会更丰富。

3．起泡酒的饮用温度

起泡酒是适合低温饮用的酒，一般来说其适饮温度为8～12 ℃。

三、开启起泡酒

相比其他的葡萄酒瓶，起泡酒的酒瓶非常容易辨认，因为瓶内的压强非常大，因此瓶子比较厚重，同时瓶口还有铁丝固定软木塞，以防其被巨大的压力所弹出。与开启其他葡萄酒不同的是，开启起泡酒并不需要酒刀。

以下简单介绍开启起泡酒的步骤：

①为了降低瓶中的压力，可以先将起泡酒静置冰镇。

②左手握住瓶颈下方，右手将瓶口的锡箔包装除去。

③ 左手按住软木塞，瓶口朝向无人方向，右手将铁丝网套的扭缠部分松开。

④ 左手按住木塞，右手握住瓶身并旋转，让瓶内气压将木塞慢慢推出即可。

⑤ 如瓶内气压不够、瓶塞无力冲出时，可用一手捏紧瓶塞不动，再以一手握瓶并将酒瓶左右旋转，直到瓶塞冲出为止。

【知识拓展——香槟历史中的杰出女性凯歌夫人】

世人多爱以香槟形容女性，而在其漫长的发展和演变历程中也确实涌现出很多杰出的女性，她们或者在香槟的酿造工艺方面做出了巨大的完善和改进，或者创造了知命的香槟品牌，又或者在香槟为世人认可和接受方面起到了巨大的推动作用，所以，一部香槟发展的历史是与这些杰出的女性分不开的。

著名的凯歌香槟与一位传奇的女子——凯歌夫人密不可分。

凯歌夫人

鲜艳独特的黄色酒标

凯歌夫人的夫婿佛朗索瓦·凯歌（Francois Clicquot）是一个香槟酒商人，两人感情良好，夫唱妇随。可惜他在27岁时不幸去世，留下年轻的遗孀。独立而精明能干的凯歌夫人不畏艰难，大胆改革创新，在亡夫的家族里树立自己的权威，以惊人的魄力镇住经销商，慢慢地建立起凯歌品牌，同时努力完善香槟的酿造工艺，正是在她的领导下凯歌发明了“手工转瓶”和“去除酒渣”的方法，让香槟变得清澈纯净，进一步提升了香槟的品质。凯歌夫人还具有独到的市场和艺术眼光，她把夫家的姓氏和自己的姓氏并列在酒标上，并选择鲜艳的黄色来设计酒标，这些都为凯歌在市场上的成功起到了重要的作用。

除了凯歌夫人之外，还有好几位知名的香槟酒庄的当家都是女性，如Duval-Leroy香槟酒庄的卡洛夫人（Carol Duval-Leroy）、Laurent-Perrier香槟酒庄的罗兰-佩里耶（Mathilde Perrier）、Pommery香槟的刘易斯夫人（Louise）。

如果没有这些个性鲜明的杰出女性，香槟的历史必然要黯然失色许多。

【思考与实践】

1. 考察起泡酒市场，了解除了香槟之外还有哪些优质的起泡酒。
2. 学习起泡酒与菜式搭配的基础知识，并在自己的日常生活中进行尝试。
3. 进行开启起泡酒的技能练习与巩固。

任务五　甜蜜的甜白葡萄酒

◆ 我继续与葡萄酒作精神上的对话，它使我产生伟大的思想，创造出美妙的事物。

——歌德（德国）

◆ 葡萄酒升上大脑，使其思考全面，迅速而灵敏，勾画出充满激情而美丽的画面。

——莎士比亚（英国）

【学习目标】

①掌握酿造甜白葡萄酒的几种方法，了解其颜色、口感、饮用温度等知识。

②重点掌握贵腐葡萄酒的酿造方式，以及贵腐酒的特点。

③掌握甜白葡萄酒的开瓶及其服务。

【前置任务】

老师将全班同学以每4～6人一组的规模分组，作业以小组为单位完成，在课堂上进行展示、交流后由全班同学与老师进行评估，并给定分数。此分数作为小组的平时成绩，记入课程期末总评之中。

① 了解关于贵腐酒与冰酒的知识。

② 阐述这两种葡萄酒的酿造方式和口感方面的区别。

③ 可以借助自己能想到的任何形式来辅助讲解，如实物、图片、PPT、表演等。

【相关知识】

甜白葡萄酒简称为甜白，是指每升葡萄酒的含糖量大于50克的白葡萄酒。因此，与常见的干型葡萄酒（每升含糖量小于4克）比起来，甜白葡萄酒拥有独一无二的吸引人喜爱和眷恋的特质——甜美。

一、甜白葡萄酒的酿造

优质的甜白葡萄酒中所含有的糖分都来自葡萄汁中的天然糖分，而非人为添加。为了获得高的含糖量，人类需要借助上天赐予的特殊自然条件，也发明了一些特殊的酿制工艺。

通常情况下，葡萄汁中所含的糖分会大部分或全部转化成酒精，酿出几乎不含糖或含糖量极低的干型葡萄酒，糖分会转化成7%～15%的酒精。本章所介绍的甜白葡萄酒是指通过自然或人工的方式，使发酵前的葡萄的含糖比例升高，在发酵的过程中当酒精到达自然停止发酵的度数时，仍有大量的糖分被保留，由此所产生的酒就是甜白葡萄酒。通过加强和调配方式酿造的甜葡萄酒不在本章的讨论范围之内。

1．晒干型甜葡萄酒

在法国和意大利的一些地方，为了得到浓缩的葡萄果实，人们会把正常采收到的葡萄放在稻草上或木盘上利用日晒把葡萄里面的水分蒸发掉，或者是把葡萄吊在房屋的屋檐下让葡萄阴干，类似于把新鲜葡萄变成葡萄干，用这样的方式来酿造甜葡萄酒，这种酒又被称为稻草酒、麦秆酒。

2．晚收型甜葡萄酒

一般而言，在北半球酿酒葡萄的采收都在9—10月。晚收型甜葡萄酒所用的葡萄会比正常的采摘时间推迟两周到一个月，葡萄在正常成熟后依然保留在枝头，以使其在树上熟透并自然风干，从而浓缩果实中的糖分和风味物质，糖度会增加1/4左右，用这样的葡萄酿出的酒果味更为浓郁、芬芳与浓稠。

3．冰酒

冰酒又被称为“上帝之泪”，德国和奥地利是其最早的产国，加拿大因为适宜的自然和地理条件已经成为世界上最大和最知名的冰酒产国。

冰酒所用的冰冻葡萄需在−6 ℃以下的温度中至少冰冻24小时

冰酒是在葡萄成熟之后故意不采摘，而是将其保留到冬天，让果实经受霜冻、降雪、自然风干的洗礼，以便其中的糖分和风味物质可以高度浓缩，同时在温度为−6 ℃以下的寒冷气温下变成冰冻葡萄，这时葡萄中的水分会结冰成为固体，将这样的冰冻葡萄采摘之后立即进行压榨就可以得到浓稠、含有高浓度糖分的葡萄汁，用这样的葡萄汁进行发酵产生的葡萄酒就是冰酒。

冰酒的稀有和昂贵在于其不是人力完全可以控制，冰葡萄的收成直接受到当年气候的影响，因此在冰酒的故乡德国并不是每一年都能出产冰酒，有时甚至3～4年才会有一个可以出产冰酒的年份。在不好的年份，一个葡萄园有可能连一瓶冰酒都无法生产。

4．贵腐酒

感染了贵腐霉菌的葡萄

贵腐酒是甜白葡萄酒中的一朵奇葩，它的出现与一种被称为“贵腐霉”的霉菌有着密切的关系。这种霉菌的学名叫做“Botrytis Cinerea”，它并不是经常出现，也不是在晚摘葡萄上就一定会出现，它的出现需要非常特定的地理和气候条件，只在温度和湿度适宜的情况下才会侵蚀一些特定的葡萄品种，其菌丝会透过葡萄表皮深入到果肉中，从而留下一个个小洞，促使果实中的水分通过这些小洞蒸发出去，让葡萄中的糖分和有机酸等成分成高度浓缩的状态。用这样的果实酿造出来的酒具有浓重丰满的风格，持续、细腻而浓香，被世人称为“液体黄金”。

二、甜白葡萄酒的特点

从以上酿造甜白葡萄酒的4种方法可以看出，不论采用人工方式还是自然方式，甜白葡萄酒的酿造都无一例外要用到糖分高度浓缩的葡萄果实，在这一方面大自然似乎比人类要更加高超，比如贵腐甜白葡萄酒和冰酒的酿造就不是人力可以控制的结果，更多的要靠大自然的眷顾，产量稀少且珍贵，这也是造成优质甜白价格居高不下的一个主要原因。

1．甜白葡萄酒的颜色

甜白葡萄酒有各种颜色，从浅黄带绿、麦秆黄、金黄色、琥珀色、深琥珀色

都有，但颜色一定是清澈纯净，所以很多甜白葡萄酒都以无色透明的玻璃瓶来盛装，就是为了突出漂亮的颜色。

各种颜色的甜白葡萄酒

2. 甜白葡萄酒的口感

甜白葡萄酒的名称中虽有一个“甜”字，但并不代表其味道就是单纯的甜。

由于是采用浓缩的葡萄果实所酿造而成，优质甜白不论在香气还是口感方面都有其独一无二的特点，香气比起其他葡萄酒会更加浓郁和芳香，口感方面也更加的醇厚和复杂，为了不让甜白有甜得太腻的感觉，其一般都含有高度的酸以便与高度的糖分相平衡，因此入口感觉甜美并悠长。

同时，甜白葡萄酒非常具有窖藏的潜力，优质的晚收型甜白、冰酒和贵腐酒经过多年的适当的存放之后不论是香气还是口感都会变得更加丰富，展现让人惊喜的层次感。

3. 甜白葡萄酒的饮用温度

甜白尤其是优质的甜白葡萄酒的饮用与普通的佐餐酒完全不同，饮用时一定要细品慢饮，这不仅在于其珍贵难得，还在于其丰富的醇香和口感要慢慢花时间才能体会，这也是为何饮用甜白葡萄酒要采用稍小一号的酒杯的原因所在。

甜白葡萄酒适合低温饮用，具体的温度要视酒质而定，一般在4～11 ℃，温度太低会影响酒香，温度太高则口感过于甜腻。

【思考与实践】

1. 晒干型甜白、晚收型甜白、冰酒和贵腐酒都采用高度浓缩的葡萄果实进行酿造，那这四种酒具体在口感方面有何区别?

2. 了解甜白葡萄酒与菜式搭配的基础知识，并在自己的日常生活中进行尝试。

3. 进行甜白葡萄酒服务的技能练习与巩固。

项目三　葡萄酒与菜式的搭配

◆ 创世之初，上帝赐予葡萄酒力量，以照亮阴暗的真理之路。

——但丁（意大利）

学习目标

①掌握葡萄酒与菜式搭配的基本原则。

②了解每种葡萄酒所适合搭配的菜式的特点。

③在课堂和日常生活中多尝试进行葡萄酒与菜式的搭配，逐渐建立和积累感官经验，加深对葡萄酒配菜的认识。

【前置任务】

老师将全班同学以每4～6人一组的规模分组，作业以小组为单位完成，在课堂上进行展示、交流后由全班同学与老师进行评估，并给定分数。此分数作为小组的平时成绩，记入课程期末总评之中。

①每位同学在自己的日常生活中尝试进行一次葡萄酒与中餐的搭配，将自己的感受记录下来；

②在课堂上与同学进行交流。

【相关知识】

美酒和美食向来都是连在一起的，如何根据两者的特点进行适当的搭配却是非常有学问和讲究的事情。如果搭配得当，美食与美酒将相得益彰，为人们带来更加和谐美妙的享受；但如果搭配不当，则有可能抵消或掩盖其各自的优点与特色，徒然浪费了美酒和美食。

世间的美食美酒何其多，如何将酒与食进行合适的搭配呢？其实没有一个简单的标准公式，这需要人们的不断探索和尝试去发现两者之间的奇妙反应，同时酒菜之间的搭配也是个人非常主观的一种自我体验，有时候人们并没有遵循任何规则来进行搭配，但也享受到了葡萄酒和美食所带来的乐趣，这正是酒菜搭配带给人们的最重要体验。所以，在本节中我们会首先学习葡萄酒与菜式搭配的一些基本原则和注意事项，在掌握了基本原则和方法的基础上我们鼓励大家在平常的学习和生活中进行大胆的尝试和探索，积极发现酒菜搭配的更多有趣组合。

一、葡萄酒为何是佐餐酒

在酒的世界里，葡萄酒是最适合佐餐的酒。

不同的奶酪搭配不同的葡萄酒

葡萄酒的世界丰富多彩，拥有不同个性和类别的成员，如清爽怡人的白葡

萄酒、可爱的桃红酒、浓郁丰厚的红葡萄酒，还有口感圆润醇厚、香气扑鼻的甜白葡萄酒，每一样都能让你体会到葡萄酒的不同面貌和美丽。这些个性鲜明、各具特色的葡萄酒为美食提供了多种可能性，使得基本上每款菜都能找到适合搭配的葡萄酒，提升了菜式的美味程度，让人们可以得到更高层次的享受。

葡萄酒之所以成为最适合佐餐的酒主要原因有三点。首先，葡萄酒的酒精度一般在8～14度之间，酒精度适中，可以帮助消化以及更好地吸收食物的营养，不像一些烈酒，酒精度一般都在40度以上，过高的酒精度会麻痹味蕾，从而影响人们对于美食的味觉体验。其次，葡萄酒中含有的一些成分，如单宁或酸，能与食物中的成分进行更好的结合，使得食物更加好吃，如白葡萄酒中的酸能开胃且去除海鲜中的腥味，红葡萄酒中的单宁则有助于蛋白质的消化。最后，葡萄酒本身的美味也会为人们带来更多的享受。

二、葡萄酒与菜式搭配的基本原则

葡萄酒与菜式之间的搭配讲究的是平衡协调，俗话说“红酒配红肉，白酒配白肉”，基本原则是清淡的葡萄酒搭配清淡的菜，浓郁的葡萄酒搭配浓郁的菜，让两者相互促进，而不是让某一方面过于突出，这样才能让酒与菜都相互提升、相得益彰，从而给人们带来更多的享受。

除了要看菜式的原材料之外，还要看烹饪的方式和所用的佐料，综合考虑这些因素之后根据菜式的总体风格来确定所配的葡萄酒，比如同样都是以鱼作为原料，但清蒸鱼、红烧鱼和水煮鱼所配的葡萄酒就会完全不同。

1．酒体

酒体是指葡萄酒在口中的总体感觉，对应于英文Body。从轻到重来描述，酒体一般有轻、中—轻、中等、中—重、重等几个等级。影响酒体的因素有酒精度、单宁、干浸出物、酸度等，而不同的葡萄品种所酿出来的酒酒体也会有较大的差别，如白葡萄品种中的长相思、雷司令所酿出的酒酒体一般较轻，红葡萄品种中的赤霞珠、西拉所酿出来的酒酒体一般较重。

在进行酒菜搭配的时候，首要的考虑因素就是食物在口中的总体感觉与酒体的搭配程度，较重的食物优先考虑搭配酒体较重的葡萄酒，如浓郁厚重的红葡萄酒。这里所说的较重是指食物的原材料特性和烹饪方式，如野味、熏肉和红烧的肉类等就属于较重的菜式，而清淡的白肉和海鲜，比如白切鸡、白灼虾等则搭配酒体较轻的酒，如优雅细致的白葡萄酒、轻酒体的红葡萄酒等。

2．味道

菜式当中会有各种各样的味道，葡萄酒也是一样，味觉方面最主要的味道有

咸、酸、甜、苦、辣，而这些味道彼此之间又会相互影响，所以在葡萄酒和菜式进行搭配的时候味道之间的匹配也是要考虑的重要因素之一。

在口感方面，咸与甜是对等、互补的，葡萄酒中的甜味可以提升咸味食物的境界，降低食物中的咸味和苦味。对于带酸味的食物时，我们可以选择具有同样酸度的葡萄酒。对于带有甜味的食物，我们可以选择与之甜度相当或稍甜的葡萄酒，这样酒中的酸能让食物甜而不腻，比如甜白葡萄酒就是搭配餐后甜品的理想搭档。对于辣味的菜式，最好不要采用比较好的葡萄酒来搭配，因为辣味会使味蕾降低对甜度的感知，从而掩盖掉葡萄酒中细腻的一面，辛辣的菜式如果要搭配葡萄酒可以选择陈年不久、葡萄成熟度较高的酒。

同时，葡萄酒的酸味可以平衡食物的油腻，对于油腻的菜式我们可以选择搭配酸度较高的葡萄酒。红葡萄酒通常拥有较浓郁的口味和丰厚的单宁，这些丰富的单宁可以软化蛋白质，使肉质更柔嫩，因此这种酒可以和烤肉搭配得很好。

3．风格与香气等

除了酒体和味道方面的匹配之外，在葡萄酒与菜式的搭配方面我们也会考虑两者香气和风格的匹配，主要有相近和相对两种观点。相近观点认为葡萄酒与所搭配的菜式不论在香气还是风格上都要统一，如用带有巧克力香气的红葡萄酒来搭配巧克力；相对观点则正好相反，主张酒与菜式要形成对比，如风格简单的酒可以搭配一款复杂的菜式，复杂的酒则建议搭配简单的菜式。

西餐中常见的菜式与葡萄酒搭配

葡萄酒与菜式的搭配除了要考虑以上各方面的匹配之外，也受到消费者个人口味特点的限制，所以即使是面对同样的菜式和葡萄酒，不同的消费者的感受也可能存在较大的差异，这些都给葡萄酒与菜式的搭配提供了很多的乐趣和挑战。

【思考与实践】

1．请尝试为以下的菜式搭配你认为合适的葡萄酒种类，并说明理由。

序　号	菜　式	你认为合适的葡萄酒
1	生蚝、牡蛎（通常加柠檬汁或醋）	
2	生猛海鲜	
3	凉拌蔬菜和沙拉	
4	米饭、比萨饼和面条	
5	鸡肉	
6	烤牛肉、牛排、羊羔肉	
7	甜点（如冰激凌、巧克力和各类水果布丁）	
8	奶酪	
9	砂锅、火锅	

2．在自己的日常生活中有意识地积累葡萄酒与菜式搭配的经验，不断进行改进。

【参考文献】

[1] 休·约翰逊.葡萄酒的故事[M].李旭大，译.西安：陕西师范大学出版社，2005.

[2] 林莹，毛永年.爱恋葡萄酒[M].北京：中央编译出版社，2006.

[3]《美食与美酒》杂志.300葡萄酒购买指南[M].北京：中国旅游出版社，2008.

[4] 吴书仙.恋恋葡萄酒[M].上海：上海人民出版社，2007.

[5] 吴书仙.爱上葡萄酒[M].上海：上海人民出版社，2005.

[6] 杨起.葡萄酒国寻香[M].北京：中国轻工业出版社，2008.

[7] 林裕森.开瓶[M].重庆：重庆出版社，2009.

[8] 林裕森.欧陆传奇食材[M].北京：生活·读书·新知三联书店，2008.

[9] 齐绍仁，齐仲蝉.法国人的酒窝[M].上海：上海文化出版社，2008.

[10] 文含.葡萄酒密码[M].长沙：湖南文艺出版社，2010.